FIFTY SHADES OF
SPOILED
BOSS

慣老闆
帶來的五十道陰影
讓仇恨值飆高的無腦發言，員工沒甩辭職信是你走運！

CONTENTS

目錄

CONTENTS

CONTENTS

第十章
怨天尤人，推託責任

前言

　　老闆作為企業的創始人，是企業發展的靈魂，一方面，他需要高瞻遠矚制定發展策略，確保企業能夠快速成長；另一方面，在日常工作中，他需要設法激勵員工，讓其努力工作，最終實現雙贏。

　　然而，有人的地方就是江湖。企業作為一個組織，員工眾多，每個人性格迥異，再加之教育背景以及能力不同，如果老闆無法掌握其中奧妙，與員工溝通的方式沒有因人而異，說了不該說的話，必然會傷害員工的自尊心以及打擊員工的自信心。如果遇到脾氣倔強、自尊心十分強的員工，必然會揭竿而起，處處與老闆作對，或者負氣辭職。也有一些性格溫和的員工，在自尊心受到傷害以後，因為各種因素的考慮，多數不會採取極端的方法，只是選擇隱忍；但在日後的工作中，他們再也沒有往日的積極性，即使發現公司某方面的漏洞，也會熟視無睹，不會再推心置腹的將自己的改進建議告知

老闆。

　　當然，也有一些強勢的老闆，他們經過多年的商業歷練，累積了無數寶貴經驗，能力出眾，自信灑脫；但自信的背後，往往伴隨著盲目自大、獨斷專行的影子。這樣的老闆十分重視自己的觀點，容不得別人有一點質疑；有些老闆雖然顧及到員工的面子，假意聽取他們的意見，可最後依然一意孤行，強令員工執行自己的方案。總之，不論是何種性格的老闆，要想讓員工真心擁戴自己，並認真執行自己的方案，前提就是要學會與員工溝通。

　　從某種意義上說，老闆和員工只是合作關係，員工付出自己的聰明才智而得到相應的報酬；老闆從員工創造的利益中為公司謀福，彼此各取所需，互不相欠，如果老闆不能建立良好的溝通體系，雙方終會因溝通不善而產生矛盾，最終兩敗俱傷，為企業帶來損失。

　　同樣的老闆，有些老闆一句抵兩句，有些老闆卻越說越糟糕。說話是老闆必須修練的技能之一，很多時候，能夠成功與員工交流和溝通的老闆，往往能輕而易

舉獲得上級和員工的擁戴和支持，因為每個人都希望自己和會說話的人在一起。

所以老闆只有在尊重員工基礎上，認真傾聽員工的建議，遇事多溝通，只有如此，才能使員工信服。也只有具備良好的溝通力，老闆才能使自己的命令順利執行，也才能及時發現自己的錯誤，唯有如此，企業才能得到快速的發展。

本書列舉了五十句不能對員工說的話，以案例進行說明，並在「原文」後面的「為什麼不能這麼說」和「應該怎麼說」中具體分析了說話的錯誤，並提供了最為客觀的說話方式。本書希望透過實際企業的管理故事，為老闆提供借鑑，並應用到實際管理工作當中，從而能與員工更融洽相處。

在本書的編寫過程中，金躍軍、李麗、李鑫、劉作越、宋華、吳丹、馬海峰、陶也等人參與了資料的收集、整理以及部分章節的撰寫工作，在此一併向他們表示衷心的感謝。

FIFTY SHADES OF
SPOILED
BOSS

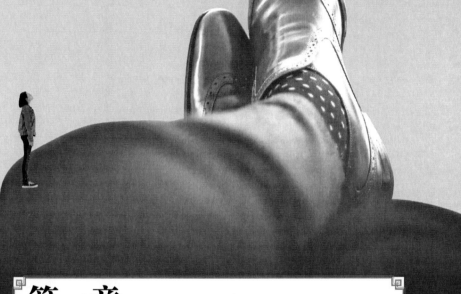

第一章
冷血無情，傷害自尊

員工的第 1 道陰影：
你怎麼這麼笨

　　一年一度的網路應用展覽會即將開幕，俊偉的公司也在應邀之列。身為業內的後起之秀，俊偉明白在這麼大的平臺上初次亮相，如果能一炮打響，必然能一鳴驚人，在整個行業留下深刻的印象，這對公司的未來發展覽會大有幫助。

　　為了不錯失這次良機，俊偉在展覽會開幕前的一個月就交代市場部研究、制定參展的具體方案。儘管有了周密的部署和充裕的時間，但俊偉還是有很大的壓力，心中充滿了各種擔憂。

　　一天，俊偉召集公司管理層開了一場會議。散會後，俊偉忽然想起離展覽會開幕的日子越來越近，便叫住正要離開的市場部張經理詢問參展方案進展情況，並提出要看資料的要求。心裡仍在琢磨會議內容的張經理被老闆問得猝不及防，愣了半天才反應過來說：「參展方案已經擬出了大綱，就差補充具體內容了。對了，離展覽會開幕不是還有半個月的時間嗎？」

　　一聽這話，俊偉馬上就不高興了，他板著臉說：「怎麼還沒做好？我不是早就交代了嗎？這次展覽會對我們公司的重要性你是知道的，所以企劃案要提前完成，這樣才能有時間應對一些突發情況。」

　　見老闆臉色不善，張經理連忙解釋說：「從接到您的命令當天，我們就加班討論展覽會細節，但是畢竟我們是第一次參加展覽會，經驗有些不足，所以速度有些慢。不過，我們是按照計畫進行方案的，一定不會耽誤參加展覽會。」

　　張經理態度慌張的解釋讓俊偉更加惱怒，他大聲指責說：「你難道非要等到最後一刻才能完成方案嗎？若是耽誤了公司參加展覽會，你負責嗎？」

　　張經理慌忙說：「一切事情都按照計畫進行，絕對不會耽誤展覽會。其實我們已經把需要的資料都整理好了，就差最後的總結。」俊偉聽後，臉色緩和了下來，說：「那你把資料拿來我看看。」

　　張經理暗自長嘆一口氣，馬上回到辦公室拿資料。可是他翻遍了整個辦公室也沒找到資料。急得滿頭大汗的他忽然想到一定是內勤人員幫忙將資料收了起來。於是他馬上去找內勤人員，可是也沒有找到人。這時，俊偉已經打電話開始催促：「怎麼還沒有找到啊？」

　　「不好意思，資料被內勤收了起來，她人一時也找不到，還是您先看看工作紀錄？」張經理話還沒說完，俊偉對著電話大吼：「你怎麼這麼笨！這麼重要的資料竟然都找不到，真不知道我為什麼用你當經理！」張經理連連道歉，並表示一定馬上找到資料送過去。

張經理剛放下電話，內勤就敲門進來說：「經理，我聽同事說您有事找我？」剛被老闆訓斥了一頓的張經理正憋著一肚子火，便開始發洩在內勤身上：「我剛才去辦公室找妳，妳跑去哪裡了？」

內勤是一個剛畢業的社會新鮮人，人比較單純。她低聲解釋說：「我發現部門的辦公用品快用完了，就去領了一些新的辦公用品。」

「這些事情難道不能等空閒時再去做嗎？妳不知道目前有什麼重要的工作嗎？妳把準備參展的資料放哪裡了？這麼重要的東西怎麼不備份？妳怎麼這麼笨……」

聽到經理的責罵，內勤的眼淚頓時流了下來。她一邊擦著眼淚一邊找到資料交給經理後，就哭著往辦公室跑。誰知，半路卻與一個送貨員撞了個滿懷！內勤邊抹眼淚，邊指責他說：「你怎麼這麼笨！難道走路的時候沒看到前面有人嗎？」

送貨員連忙向她道歉，可是心裡卻嘀咕起來：分明是妳先撞得我，竟責怪起我來了！

為什麼不能這麼說？

老闆一句「你怎麼這麼笨」的責罵，不僅難以樹立威信，而且還會給員工留下一個無法控制情緒、面目猙獰的形象。

老闆身為領導者，制定公司未來發展策略的同時還要營運

公司以及處理日常的瑣事，種種事務像山一樣壓著他，使其無法喘息。所以，這個時候，即使員工犯了一點小錯，都會被老闆無限放大，進而破口大罵，以宣洩心中的壓力。很顯然，這不僅不是解決問題的最好辦法，反而會導致嚴重的後果。

首先，情緒是可以傳遞的。案例中的張經理因為一件小事被老闆責罵後，敢怒不敢言，只能把一腔怒火發洩到內勤身上。內勤受到張經理的無故訓斥後，感覺十分委屈，在回辦公室的路上撞上了送貨員，她便將自己的委屈發洩到送貨員身上。由此可見，壞情緒是可以傳遞的，等公司所有員工都處在一個壞情緒中，那麼除了互相指責之外，不會再有人努力工作了。而且總有一天，這種情緒還會傳遞到老闆自己身上，可謂自食惡果，害人害己。

其次，老闆常因小事大發雷霆，會讓員工疏遠老闆，唯恐走避不及，更談不上與老闆交心。因為他們永遠不知道自己的哪句話或者哪種行為會惹怒老闆，因此做事都會小心翼翼，保持一種「不求有功但求無過」的心態去工作。這樣一來，所有員工做事都中規中矩，沒有創造性突破，更不會有自我決斷的魄力。結果可想而知，公司終究不會有太大的發展。

那我應該怎麼說？

你可以這樣對員工說：「除了資料的重要性不說，就你工作上的不夠細心這點，便會影響到你今後的職業發展。所以，

我建議你以後做事要仔細一些，忙而不亂，這樣才能為公司承擔更多責任。」

「批評」是說服人的一種方式，目的是幫助別人改正缺點。所以，老闆要想對員工的批評取得良好效果，核心的關鍵是出發點是否正確、動機是否純正。如果借批評之機，發洩自己的情緒，即使批評內容正確，員工也往往難以接受。反之，如果能站在員工的角度考慮，真誠地指出員工的缺點會影響到其未來的發展，這樣一來，員工就會覺得老闆是看重自己的，因此也樂於接受老闆的意見。

員工的第 2 道陰影：
連這點小事都做不好

明廷從小就喜歡思考，從小學一直到大學，成績都十分優異。大學畢業後，明廷從百餘位競爭對手中脫穎而出，進入了一家保險公司。

剛到職不到半年，明廷就因突出的工作業績讓同事和老闆刮目相看。但明廷並沒有因此而沾沾自喜，止步不前，而是更加努力工作，期望得到升遷機會。不久，明廷就發現了一種新的方法可以提升公司業績，於是他將自己的想法用郵件的形式

報告給老闆。老闆看了之後，覺得明廷的想法不僅新穎、獨特，而且可行性極高，便讓明廷將他的報告列印出來幾份，然後召集幾位主管開會研究一下。

得到老闆初步認可的明廷十分高興，馬上去列印報告。公司的印表機有些年紀了，小毛病不斷，但老闆考慮到要節約成本，一直沒有更換新的印表機。明廷研究了半天，才勉強將報告列印了出來，也來不及翻看，就交給了老闆和幾位主管。

拿到報告後，老闆邊翻邊頻頻點頭。突然，他發現報告中夾了一張白紙，臉頓時沉了下來，說：「你怎麼回事？連這點小事都做不好！今天你浪費一張紙，明天他浪費一張紙，一年下來，公司得付出多少成本？」

面對突然變臉的老闆，明廷頗有不滿，雖然嘴上無法辯駁，但心裡卻想：不就是無意中夾了一張紙！抽出來放回去不就行了，沒必要給別人臉色看吧！況且，印表機本身就老舊，我又不是專門印資料的，沒印好也不能怪我啊！

這時，幾位主管已經看完了明廷的報告，都一致認為明廷所提的方法對提高公司業績很有幫助，但美中不足的是，這個方法仍然需要進一步細化才能實施。聽了幾位主管的意見後，老闆非但沒有說幾句鼓勵性的話，反而對明廷說：「這些細節你早就應該注意到了，非得等別人指出來。真不知道你是怎麼搞的，連這點小事都做不好。」

一位主管見老闆說話有些過分，便站出來為明廷解圍：「這個方案的創造性以及對為公司帶來的益處是我們無法否定的，只是明廷剛加入公司不久，工作經驗還不夠，所以出現小問題也在所難免，這也不能全怪他。」主管的話剛說完，老闆就不滿的說：「就算是缺乏工作經驗，可是公司有那麼多老員工，可以向他們多徵求意見啊！難道非得閉門造車嗎？依我看，還是不夠謙虛，對待工作也不夠認真。」

　　儘管老闆對該方案仍有些不滿意，但幾位主管都認為只要在細節上作一些調整，馬上就能應用到實際工作中。所以，大家一致決定讓明廷把方案按照討論的結果再修改一遍。

　　明廷回去後將方案仔細修改過後，又仔細檢查了一遍，覺得沒什麼問題了，便將方案交給了老闆。老闆只是隨手翻了幾頁，就把方案扔在桌上，說：「你難道不知道寫方案的正確格式嗎？就算內容過關，格式不對也不行。你把方案拿回去再修改一遍。」明廷倍感無奈，只好拿著方案回去修改。

　　這次修改比上次還要用心，修改完後，明廷還特意先請公司幾位老員工挑挑毛病。他們看過之後，一致認為不論內容還是格式都沒有任何問題。明廷這才小心翼翼地把方案交給老闆。老闆將方案仔細看了一遍，又將幾位主管召集過來商議。最後，方案終於得到了大家一致通過，馬上可以進行下一步的執行環節。

　　見自己的方案馬上就可以應用到實際工作中，明廷感覺非常有成就感。然而就在這時，老闆又冷不防地冒出一句話：「明廷，你覺得方案已經很完美了，是嗎？」一聽這話，明廷馬上緊張起來了，他拿起方案仔細檢查了半天，說：「沒什麼問題啊！」老闆睨了他一眼，說：「公司有專門用來寫方案的紙張，而你用的卻是普通紙張，用普通紙張能彰顯出方案的重要性嗎？真不知道你是怎麼工作的，連這點小事都做不好，以後還怎麼重用你！」

　　明廷委屈極了，他一直努力工作、苦心思考，想多為公司作貢獻，展現自己的價值，可剛剛拿出一個創造性的方案，就被老闆處處挑剔。而方案最終胎死腹中，沒能實行。從此，小李徹底灰了心，除了做好自己的本分工作外，再也沒有主動為老闆進獻良策。

為什麼不能這麼說？

　　要求員工做事情精益求精是好事，但過分強調則有挑剔之嫌，會打擊員工的積極性。

　　在工作方面，很多老闆都會把高標準、高要求要求放在員工身上，要求他們做到十全十美。倘若員工在工作上稍有差池，老闆就會橫加指責，全然不顧員工所做的成績。

　　要知道，員工在做開創性的工作時，難免會出現各種瑕

疵，但在後續的工作中，仍然有完善的機會。而老闆若是只盯著缺點，無視其帶來的創造性價值，則是不明智之舉。

而對於員工來說，他渴望得到老闆對自己工作的認可和理解。而老闆需要做的是扮演一個支持者，在不影響大局的前提下，允許他犯一點錯誤。只有如此，員工才能充分地發揮他的聰明才智，大膽地按照自己的思路做方案，這樣才能夠突破束縛，為公司作出貢獻。

案例中的明廷所提的方案得到了包括老闆在內的主管層認可，如果方案得以順利實施，那麼為公司帶來的價值遠遠要大於他不注重細節的缺點。但明廷的老闆卻抓著明廷的缺點不放，頻繁惡言相向，還將小事上的疏忽提升到對員工整個工作態度的評價，這顯然有失公允。可想而知，經過此事，老闆在所有員工心中留下「吹毛求疵」的形象，進而堵住了進言之路。

那我應該怎麼說？

你可以這樣對員工說：「你的創意很大膽也很新穎，如果應用到實際工作中，也會發揮很大的作用。但是，以後你如果能在工作中改進一些細節，比如方案的格式，那麼你將會更加優秀。」

一味指責和批評他人的缺點會讓其陷入難堪和尷尬境地，同時，達到的效果也微乎其微。因為，沒有人願意被別人指著

鼻了罵。所以，過分指責和批評不僅無法讓對方為自己的失誤感到愧疚，甚至出於臉面還會為自己辯解，更有極端者還會反唇相譏或者施行報復。所以，老闆指出員工缺點時，首先要找到合適的切入點，先肯定對方的優點，然後再委婉點出其缺點，點到為止，員工必然會樂意接受並表示會改正。

員工的第 3 道陰影：都這麼久了，你怎麼還沒解決這個問題

俊銘是一家醫藥公司的業務員，經過多年奮鬥，他累積了豐富的客戶資源，並為公司帶來了十分可觀的利潤。一時間，俊銘成了公司炙手可熱的人物，深得劉老闆的器重，不久就提拔他為主管。

對於俊銘，劉老闆充滿了信心，因為在他看來，俊銘不僅業務能力強，而且擁有良好的人際關係，日後必然能為公司作出更大的貢獻。

俊銘果然不負眾望，在他的帶領下，整個團隊鬥志昂揚，每位員工都十分努力地工作，業務量也隨之攀升。劉老闆雖然對俊銘的表現十分滿意，但他發現業務員出身的俊銘以前都是單打獨鬥，沒有多少管理經驗。所以，自從他擔任主管以來，

雖然其部門業績有明顯的提升，但他對公司的制度仍然不明確，尤其在細節的掌控方面，往往顯得有些手足無措。

透過一段時間的觀察，劉老闆決定找俊銘好好談一談。在充分肯定俊銘以往的工作成績後，劉老闆才把話題轉移到主題上。他對俊銘說：「你在業務上的能力大家是有目共睹的，而且在你的帶領下，你的部門也做出了很多成績，但是你要明白，一個合格的主管光有業務能力是不夠的，在管理細節上你還需要加強。比如，你們部門沒有明確、嚴格的制度，導致員工養成散漫的習慣。你現在已經不是業務員了，而是一個部門的主管了，責任重大，希望你能不斷提升，帶領下屬多為公司貢獻力量，這樣以後才能擔任更重要的職位。」

劉老闆的話令俊銘十分感動。他感受到了劉老闆對他的殷切期盼之心，是希望他盡快成長為一個優秀的管理者。所以，對於劉老闆指出的缺點，俊銘認為十分客觀，畢竟自己是生平第一次當主管。為了讓自己快速融入角色，俊銘在接下來的一年時間裡，除了安排、督促員工完成工作任務之外，還利用假期參加了一些管理培訓課。不僅如此，他每天都會研讀一些管理方面的書籍直到深夜。

透過一年多的學習，俊銘在管理方面有了很大的進步。首先，他領導的部門在業績上相比去年又翻了一倍。其次，他還透過各種方法激勵員工不斷突破、完善自己。俊銘和他的部門

系列的變化，劉老闆看在眼裡，有意為俊銘加薪的同時，又認為俊銘在管理制度方面仍然存在一些問題。對此，有些完美主義的劉老闆又找來俊銘談話。他說：「這一年多都過去了，你的部門還是有一些老毛病沒改進。這個月全公司就屬你們部門出勤率最差。都這麼久了，你怎麼還沒解決這個問題？」劉老闆的口氣越來越嚴厲。

俊銘每次被劉老闆找來談話，總是因為他的部門的種種小毛病，心裡十分不服氣，為什麼我們部門做出的成績就沒人提呢？於是，他辯解說：「我們業務部都是用業績來說話的，只要有了業績，出勤率其實也沒有必要要求太嚴格。這也是我們和其他的部門不同的地方。」

聽著俊銘辯解，劉老闆臉也沉了下來：「你們部門做出的成績，我也不是沒看到，你們部門的特殊性，我也知道。可是，你要明白，你身為領導者要多替公司考慮，你們部門不僅上班紀律差，而且辦公室也是雜亂無章，這就說明你們還是有需要改進的地方啊！」

俊銘還是有些不服氣。他說：「我們業務部應該把更多精力放在業務上，而不是把時間浪費在沒有實際效用的細節上……」俊銘的話還沒說話，劉老闆一掌拍在桌子上，讓俊銘滾出去……

自從這次談話以後，俊銘沒把劉老闆的話放在心上，也沒

有著手改進部門制度。而劉老闆則認為俊銘居功自傲，不把自己放在眼裡，萌生了另找他人來替代俊銘的想法。

為什麼不能這麼說？

員工願意努力彌補自己的缺點，本身就是值得讚賞的事情，如果劉老闆依然不滿意，那麼員工就會因達到不到劉老闆的要求而放棄這方面的努力。

每位員工在遇到伯樂後，內心的潛能就會被激發出來，會變得積極上進，容易接受別人的批評也願意改正。所以，在員工努力改正自己的缺點而效果不盡人意的時候，劉老闆要明白，正因為是缺點，有時做出了修正，也無法與擅長這類事情的人相比。而劉老闆這時如果忽略員工的進步，指責其不夠完美，那麼就會造成員工心理上不平衡，甚至會說：「我承認我能力不足，一時無法改正缺點，你還是找有能力的人來做這件事情吧！」

如此一來，劉老闆必將陷入尷尬的境地。如果一怒之下用別人將其取代，那麼之前在他身上投入的精力、金錢豈不是白白浪費了？

案例中的劉老闆第一次找俊銘談話的時候，先是肯定了俊銘的功勞，繼而提出期望，從而激發了俊銘的鬥志，使其不斷提升、完善自己。從後續的工作成果來看，劉老闆的激勵是成

功的，俊銘的部門在業績上有了很大的提高，儘管在管理細節上仍然存在一些「舊疾」。但劉老闆在對俊銘提出批評時，卻沒有第一次的委婉，最終導致雙方不歡而散。

所以，在批評員工之前，老闆一定要想清楚要以什麼說話方式才能不露痕跡的讓員工接受。

那我應該怎麼說？

你可以這樣對員工說：「今天我們就這些問題作一些檢討。我覺得在這一點上你還有進一步的改善空間。」

老闆在這裡指的是某一個細節，而非全盤否定，再加之誠懇的語氣，帶有商量、勸慰的感覺。這樣的批評不僅會讓員工受到尊重和重視，而且也能引起他的重視，樂意聽從老闆的建議，進一步改正自己的缺點。

▌員工的第 4 道陰影：
▌都是因為你沒用

志賢是一家廣告公司的老闆，以膽識過人聞名業界。當年，公司草創，在摸索中前進的同時，隨時面臨資金鏈斷裂的危機。為了以防萬一，志賢四處融資，甚至不惜和投資方簽署

對賭協議，最終使公司順利成長起來。

除了膽識之外，伴隨志賢的還有暴躁脾氣。他曾不只一次在和董事會發生衝突後氣得捶牆。而在公司內部，所有員工面對志賢都戰戰兢兢，生怕一句話說不對就會惹來老闆暴風雨般的訓斥。除了當初的創業夥伴外，其餘的員工都難以忍受志賢暴躁的脾氣，很少有工作滿五年的員工留下來。對於此，志賢不僅不在意，反而嘲笑辭職的員工抗壓性差，受不了責罵，將來也無法做成大事。在他看來，只要有核心團隊在，公司將會順利地發展下去。

那一年全球金融危機爆發，志賢的公司也受到了波及，公司的業績一天不如一天，因此他脾氣變得更加喜怒無常。

一天，志賢召集公司主管級開會研究應對金融危機的辦法。與會人員都抱著一顆忐忑的心來參加會議，大家都知道志賢因為最近公司業務量不斷下降而整天板著臉，所以這次會議他肯定又要大發雷霆了。

果然，會議剛進行到一半，大家正在聚精會神地聽業務組長的簡報時，志賢突然厲聲打斷：「行了，別說了！反正說了也白說，我看你們部門的業績永遠也不會上去了！你們部門年初制定的計畫到現在實現了多少，我看一半都不到！我不知道你每天都在做什麼，拿著高薪卻一點成績也沒做出來！造成公司今天這種局面，都是因為你沒用。如果不想做了，馬上走

人，我絕對不會挽留你！」

大家都被志賢的這番話嚇傻了！以前他再生氣，也沒有用這麼讓人難堪的話訓斥員工。大家心裡感到氣憤的同時，也把同情的目光投向了業務組長。只見業務組長臉色鐵青，雙拳緊握，突然站起來對志賢大聲說：「今年是什麼狀況，你難道不清楚嗎？難道僅僅是我們公司受到金融危機的影響了嗎？你難道沒看到有很多公司在一夜之間都倒閉了嗎？如今公司還能維持運轉，還不都是我們的功勞。現在公司業績不好，難道都是我一個人的錯？我當這個組長受了你這麼多窩囊氣，我早就不想做了！」說完，轉身離開了會議室。

面對業務組長一連串的質問，志賢深感權威受到了挑戰。他怒氣衝衝地站起來，用手指著業務組長的背影吼道：「你有本事就走，走了就永遠不要回來！」

業務組長確實沒有再回來。他回到辦公室後，先是寫了辭職信，然後當著業務部全體員工的面發表了一場慷慨激昂的演說，矛頭直指志賢，頗有官逼民反的意味。而這場頗有煽動性的演講也促使幾位經常被志賢訓斥的核心員工遞上了辭呈。對於業務組長及其下屬的辭職，志賢沒有做任何挽留，在他們辭職後的第二天，就從業務部提拔了一位新組長負責日常工作。

然而，事情發展到現在還遠遠沒有結束。不久後，公司一位主管在網路上無意中發現了上次志賢在會議上訓斥業務組長

的影片。畫面中的志賢面目猙獰，言語粗暴，根本沒有一點企業家的風度和素養。

原來當時開會的時候，另一位不滿志賢的主管悄悄用手機錄下志賢咆哮的樣子，然後私下傳給了業務組長。業務組長便上傳到網路上。結果，沒過幾天這影片就在同行之間傳遍了。從此，志賢給業內人士留下一個暴君的形象，再也沒有人願意主動向他尋求合作。

為什麼不能這麼說？

員工的表現不盡人意的時候，適當批評是正常的，也是必要的。但是在批評的時候，如果一味斥責，而沒有提出改善意見，那麼批評的效果也會適得其反。

批評和意見二者有著很大的差別。喜歡批評員工的老闆往往很難意識到自己是批評型的老闆。而批評型的老闆在面對下屬「是的，你的批評的確不無道理。但話又說回來，如果你是當事人，你會用什麼方式來面對難題呢？能否講一講你的方案……」這類詢問時，批評型老闆往往會顯得手足無措，不是顧左右而言他，就是回答得牛頭不對馬嘴。

當然，也有些老闆會居高臨下回答：「既然公司把這件事情交給了當事人，當事人就有義務和責任去完成它。」這種老闆不僅會批評而且還是推託責任的高手。

　　而對於員工來說，他們不會對只會批評而沒有建設性意見的老闆產生好感。因為在他們看來，老闆處在他的位置，所辦的事情也許還不如他呢！老闆不會對自己的發言負任何責任，他很容易看到別人的缺點和問題，可是在員工眼裡，他自身的缺點和問題也很多。

　　所以，在提出批評時，要想讓員工心服口服，老闆應該站在員工的角度去考慮，如果自己是當事人，怎麼做才最恰當。這樣在提出批評的同時，也為員工拿出了一個解決問題的可行性方案。如此一來，就會讓焦頭爛額的員工看到希望的曙光，重拾信心，繼續努力。

那我應該怎麼說？

　　你可以這樣對員工說：「雖然公司受到了經濟的影響，但這並不是逃避責任的理由，但如果……我想公司的業績一定會有所成長。」

　　面對員工的缺點和錯誤，如果老闆只會一味地橫加指責和批評而無法提出有建設性的意見，那他就是針對別人的缺點發表了一場不負責任的言論。所以，在否定的同時，老闆再加上建設性的方案，像「如果是我，我會如此」等。這樣一來，你的發言將是「意見」而不是「批評」了。

員工的第 5 道陰影：
這麼簡單的事情，難道還要我教你嗎

十年前，張老闆從一家小型的家用電器做起，經過十年的發展，他已經擁有數十家家用電器連鎖店，身價不菲。

如今，在事業上大獲成功的張老闆在每家店設立了店長，自己退居幕後，遙控指揮。而張老闆每天會到各家分店視察一番，詢問店長經營狀況。對於店長，張老闆也將權力下放，給予他們一定的打折許可權。

有一天，一位顧客在張老闆的店裡看中了一臺售價十二萬元的液晶電視。顧客一口氣把價格砍到十萬。這下店長為難了，因為他手中擁有的打折權利是一萬元，這也是最大額度。面對寸步不讓的顧客，店長左思右想，最後為了保險起見，決定打電話給張老闆，詢問他的意見。

而此時的張老板正和一家供應商洽談合作事宜，就在談判一度陷入僵局的關鍵時候，張老闆接到店長的電話，還沒等店長把情況說明白，他沒好氣地對店長說：「你手裡不是有打折權利嗎？按照店裡的規矩辦不就行了！」說完，也沒給店長進一步詢問的機會，就不耐煩地掛了電話。

店長是個剛畢業一年的新鮮人，雖然沒有多少工作經驗，但他不僅人品好，而且也比較陽光積極，還有較強的領導能

力，所以當初張老闆才任命他為店長。而被老闆第一次訓斥的他，心裡難過的同時，也沒繼續深入思考，就決定按照店裡的規矩辦。他告訴顧客自己手裡打折許可權最高金額是一萬元，再少就不能賣了。那位顧客一聽，還是堅持自己的出的十萬元價格，店長攤著雙手表示無能為力，最後，這筆生意自然沒能成交。

第二天，張老闆照例去店裡視察，在詢問店長昨天的生意之後，便開始翻看貨物清單。僅僅翻了幾頁，張老闆就把清單「啪」的一聲扔在店長面前，開始大聲斥責起來：「你這個店長是怎麼當的？你難道不知道昨天那臺液晶電視已經積了一年多了嗎？你怎麼就不懂變通處理事情，該多給折扣就多給一些。這麼簡單的事情，難道還要我教你嗎？」店長不敢還嘴，從此也吸取了教訓，變得更加小心翼翼，生怕再次出錯。

又過了幾天，店裡來了一位顧客，他一眼就看中了今年剛上市的音響。這臺音響不論從外觀還是音質方面都屬一流，雖然三十萬的高昂價格讓許多人望之卻步，但這位顧客顯然被音響迷住了，已經完全忽視了價格。

店長見這位顧客的表現，知道他有購買意向，不想失去這個大客戶，便極力向他介紹這臺音響的各種優點。顧客一邊點頭附和他的意見，眼睛卻始終沒有離開過音響。就在店長以為這位看似大方的顧客不會砍價就會買走音響的時候，顧客

卻毫不含糊地要求優惠三萬元，否則堅決不買。店長想了想，自己手中只有一萬元的打折權利，而顧客要求的另外兩萬元優惠，他是沒有權利兌現的，必須先請示老闆。可是，店長轉念又想到了上次的教訓，也就沒請示老闆，於是這筆生意最終以二十七萬元的價格成交了。

第二天，張老闆到店巡視，問到這臺音響時，店長喜滋滋地告訴他，昨天已經賣出去了。張老闆氣壞了，當場又把店長訓斥了一頓。原來，張老闆的一個老客戶原價預定了這臺音響，而現在音響已經被店長賣了，這讓張老闆整整少賺了三萬元。

經過這兩件事後，店長在日後的工作中更加畏手畏尾，猶疑不定，連續失去了幾單大生意。

為什麼不能這麼說？

員工做事出現差錯時，老闆若不能就事實提出批評，而是不斷貶低他的智力和能力，結果會導致員工離心。

老闆和員工在工作中各自扮演著完全不同的角色，一個是命令的發布者，一個是命令的執行者。由此，兩人在處理同一件事情上有著截然相反的態度方式。

案例中的張老闆身為銷售手段的制定者，在不了解具體的情況下，就隨口下令讓店長按照規矩辦。店長拿不定主意才請

示張老闆，而張老闆強硬的回應則進一步給他灌輸了「你必須按照我的命令去做」的思維，所以即使當時店長發現那臺液晶電視機是存貨，明明知道多給顧客一些折扣公司也不會虧錢，但他因為他擔心會再次受到老闆的訓斥，最終也不會那麼做。

而結果張老闆在發現店長出現差錯後，除了在第一時間將店長的差錯放大訓斥之外，根本沒有反思自己是否在授權或其他方面出了問題。這次訓斥導致店長第二次面對顧客時，深刻地以第一次教訓為教訓，沒再請示老闆，結果造成了老闆的損失。而更為嚴重的是，這兩次完全不同的銷售經歷和老闆的訓斥，帶給店長的後果是做事永遠左右為難，失去自我判斷和思考能力。

在店長第一次出現差錯時，如果張老闆能給他一些寬慰和鼓勵，讓他鼓起勇氣面對自己的失誤，培養他獨立思考、處事的能力，想必也就不會造成後來的損失了。

那我應該怎麼說？

你可以這樣對員工說：「你雖然犯了一個錯誤，但其中也有我的責任，我也該自我檢討。此外，我要告訴你，我年輕時候犯的許多錯要遠遠比你的糟糕，而且你比我年輕時厲害多了。所以，以後要大膽一點，多和我溝通，這樣不就能避免犯沒有必要的錯了嗎？」

在發現員工犯錯後，老闆首先應該反省自己有無責任，如果有就先行自責，說一句不好意思或者對不起，這樣員工在心理上就會獲得平衡。在此基礎上，老闆可以趁熱打鐵，深入自己的內心，先發現自己身上存在的缺點，然後再指出員工的錯誤和不足，從而使其心悅誠服地接受你的意見。

FIFTY SHADES OF
SPOILED
BOSS

第二章
居高臨下，咄咄逼人

員工的第 6 道陰影：
公司不是養廢人的地方

　　志成剛被董事會任命為子公司的總經理，這家子公司雖然在南部，但地理位置優越，經濟發達；可是與其他分公司相比，業績平平，只能算中等。

　　上任伊始，志成就下定決心，一定要在一年之內，把業績拉上去，超越所有分公司。在了解公司各部門的營運情況後，志成認為目前公司員工太多，而公司的業務量還沒有那麼多，這樣只會滋生懶惰，所以決定先裁員。在員工大會上，志成強勢的說：「公司是盈利機構，不是養廢人的地方。想要得到更高的報酬，你們必須先付出相應的努力才行！」會後，志成下達全公司裁員百分之五的命令，並要求各部門主管在規定時間內必須完成任務。

　　各部門主管費了九牛二虎之力才完成裁員任務。因為被裁的員工當中，有相當一部分是老員工，他們面對這些被裁的員工十分困擾。部門主管也左右為難，但礙於志成的命令，他們給予各種補償才勉強說服那些員工離開公司。

　　公司員工經過公司變動後，以為志成的「新官上任三把火」應該燒得差不多了，終於可以鬆口氣了。可是，在接下來的幾個月裡，志成總以「公司不是養廢人的地方」為由，增加

員工額外工作。從此，無止境的加班成了員工的工作常態。對此，各部門主管雖然有不滿，但出於對志成權威的尊重，只能選擇隱忍。

然而，沒過多久，員工對志成的不滿情緒就因為一件事情而徹底爆發。一次，海外有家企業要來公司考察，希望能達成策略合作夥伴關係。志成十分重視此事，因為如果能成功合作，那這就是他的業績，這也是他以後升遷的最佳籌碼。所以，為了保證這次洽談能夠成功，他召集公司所有部門的主管開會，研討接待外商的相關事宜。

會議剛開始不久後，人事部張經理就接到妻子的電話，說孩子生病了，必須馬上到醫院。心急如焚的張經理有意向志成請假，可轉念一想志成的平時的嚴厲，只能委婉告訴他想準時下班去醫院看看孩子。

志成不置可否，繼續主持會議。張經理左等右等，眼看下班的時間馬上就要到了，可這時恰好輪到他講接待方案了。張經理看了看志成，見他沒有鬆口的意思，只能收回心思詳細講解了自己的方案。會議結束後，已經八點了。

志成這才看著張經理不疾不徐的說：「你的工作完成了，你可以離開了。不過，在走之前，我想提醒你一句，公司是營利機構，不是養廢人的地方，你既然拿了公司的薪水，就必須先完成工作之後才處理私事。明白了嗎？」

張經理記掛著孩子，也顧不上計較什麼了，就急忙趕往醫院。得知孩子並無大礙之後，張經理懸著的心終於放了下來。

　　第二天上班的時候，張經理又想到志成昨天咄咄逼人的樣子，不由得一陣委屈和生氣。這時，其他部門的幾位主管也前來詢問張經理孩子的病情，並對他的遭遇感到不平。

　　大家針對志成這段時間以來的制定的種種不合理制度展開了議論，最後達成一致，如果再這麼下去，不僅員工無法安心工作，就連大家都整天跟著受氣。所以，大家聯名寫了一份報告給董事會。在報告中，他們指出志成上任以來各種舉措的失當之處以及帶來的危害。

　　董事會很重視這份報告，最後鑑於志成在任期內不僅沒有提高公司業績，反而引起員工不滿，決定調回志成，另行任命。

為什麼不能這麼說？

　　員工會認為「我已經很努力了，你還想怎麼樣？難道要把我當作工作機器嗎？」

　　身居高位的管理者無疑擁有足夠的權力，但這種權力是用來輔助管理，不是用來逞威風。逞威風的人一般認為自己高人一等，這種高傲會在自己跟員工之間築起一道無形的隔閡，使員工不願意主動親近自己。

　　案例中的志成就是一個喜歡威壓群眾的人，他為了盡快做出業績，不斷施壓給員工，製造緊張氣氛。先前敢怒不敢言的員工也只能執行他的命令，也正是員工的隱忍，使他更加無所顧忌濫用權力。

　　本來經常性的加班已經讓員工難以忍受，現在張經理的小孩生病，志成都不准他按時下班。志成的這種不近人情帶來的惡果就是主管層聯合將他趕下臺，可謂咎由自取。

　　真正懂得管理的人，不會利用自己的手中的權力處處施壓於員工，因為越是這樣，員工就越會產生叛逆心理，強硬的員工會當面頂撞你，理智的員工雖然不會當場發作，但背後也不會把你的話放在心裡。

　　北風與南風打賭，看誰能把人們的衣服吹開。北風呼嘯猛吹，人們在寒冷大風的下衣服卻越捂越緊；而南風徐徐吹來，人們在溫暖和煦的微風吹拂下，慢慢把衣扣解開、脫下。於是南風贏了這場賭。南風法則的啟示是「企業僅靠高壓手段是不行的，還要給員工溫暖。」在企業管理中，上司關懷員工，整個團隊才能日益和睦、團結，彼此關心，形成良好的工作氛圍。

　　所以，上司不能將員工當機器，一天下來工作十幾個小時，那種環境下的員工已經「被機械化」了，但員工是人，他有情感、歸屬需求、自我價值實現的需求，因此上司要讓員工

感受到來自上司的關心，這樣不僅能拉近與員工的距離，提高團隊凝聚力，還能樹立自己的威信。

那我應該怎麼說？

你可以這樣對員工說：「以後大家要在上班時間把工作完成，不能因為工作而失去個人生活。除了特殊情況，我不會增加額外的工作給大家，當然有必要加班的時候，也希望大家能夠配合。」

從公司角度來說，向員工提倡堅持工作、生活兩不誤的理念，就算不給員工最高的薪資，也不給員工太大的壓力，互相之間會比較友好，團隊合作就能更融洽，公司也能夠營造和諧氛圍。

值得注意的是，儘管員工的工作強度不高，品質卻會很好，所以可以要求員工做事情精益求精，更完美的完成工作。

員工的第 7 道陰影：
做錯事就要接受懲罰，不要再辯解了

一家文化公司最近丟了一筆大訂單，而這筆訂單則在快要進入簽字階段時，競爭對手硬生生介入，不知道用了什麼手

段，奪走了這張訂單。為此，該文化公司從管理者到基礎員工都覺得十分火大，大家紛紛抱怨這幾個月來的辛苦真是白費了。

在工作檢討會議上，總經理張志宏首先對自己作了檢討。他認為自己是這個訂單的總負責人，而單子被對手搶去自己也有責任。見總經理都表態了，銷售經理徐威任也坐不住了，等張志宏剛說完，他就跟著表態說自己在這件事情上應該負更大的責任。接著，徐威任又攤開一張事前準備好的一張紙，開始講他對這次失誤的具體分析。

聽完徐威任的分析後，大家一致認為很有道理，在此基礎上，大家各抒己見，提出了不少改進的方法，會場氣氛由最初的沉悶變得空前熱絡。

對於此次會議，張志宏十分滿意。他認為有時候大家共同一次失敗也不是壞事，不僅能激發員工們的潛能，還能提高團隊凝聚力。所以，在會議結束的時候，張志宏對大家說：「大家對這次失敗的教訓檢討得很好，希望透過此事，我們永遠不要再犯類似的錯誤。至於老闆那邊，只要我們耐心解釋，讓他給我們一點時間彌補公司的損失，想必他也會允許的。」

一聽這話，在場所有人都暗自鬆了一口氣，這事總算是過去了，沒有人會為此承擔什麼責任了。徐威任也稍感輕鬆，因為此事重大，出現這種局面的後果他萬萬是承擔不起的。

散會後，張志宏突然叫住正要離開會議室的徐威任，並對他說：「有件事情，我必須跟你單獨談談。」徐威任轉過身，不明所以地看著張志宏。張志宏微微一笑，先是請徐威任坐下，然後語氣平和地說：「這次訂單掉了，讓公司造成了很大損失，你是知道的。所以，必須要有人站出來為此事負責。」

　　徐威任是個聰明人，他一聽這話，馬上就明白了，張志宏想完全把責任都推到了自己身上。張志宏在徐威任心中剛建立的崇高形象馬上崩塌了，原來他在會議上說的那番話完全是為了安撫員工、穩定軍心的，實際還是要追究責任。想到這裡，徐威任不服氣說：「當初這個訂單的負責人不只我一個人，如今出了事，為什麼要由我承擔全部責任？這太不公平了！」

　　張志宏被徐威任的話嗆得半晌也說不出話來，最後他強硬的說：「不論怎樣，你是這個訂單的具體執行者，所以必須由你負責。況且，這也是老闆的意思，我不過是負責轉告你一下而已……」還沒等張志宏把話說完，徐威任就打斷他說：「那好，我現在就去找老闆把話問清楚！」

　　徐威任來到老闆辦公室說明來由後，老闆就有些不高興地說：「你身為銷售經理，是這個訂單的具體執行者，現在出了問題，難道不應該由你負責嗎？」

　　「可是這個單子的直接負責人是張志宏，要追究責任那就公平一些，不能什麼事都由我一個人承擔！」徐威任憤憤不平

地說。

　　見徐威任膽敢如此衝撞自己，老闆不禁動了怒，他從抽屜裡拿出一份報告扔在桌子上說：「行了，你也不用辯解了，你看看這份報告是不是你寫的。」徐威任拿過報告一看，才明白事情的原委。原來這份報告當初是由他和張志宏經過反覆討論之後，制定了執行訂單的計畫，然後由徐威任整理，寫成報告。可如今張志宏竟然利用這份報告把自己的責任推得一乾二淨！徐威任不禁憤怒地說：「這份報告不是我一個人完成的，也有張志宏很多意見。你怎麼能相信他的片面之詞呢？這件事情他也有很大的責任，如果全都由我負責，那就太不公平了！」

　　「你還沒有資格跟我討論公不公平！」老闆冷冷的說：「你做錯了事就要接受懲罰，不要再辯解了！如果這次不處分你，那麼以後公司員工都可以毫無顧忌地犯錯了。如果沒什麼事情，你就先走吧！」

　　本以為老闆會公正地處理這件事情的徐威任徹底冷了心，馬上回去寫了辭職書。

為什麼不能這麼說？

　　員工犯錯，老闆不給其解釋的機會，是不公正的。

　　發生事故的時候，下屬先推託責任是很常見的行為。而此

時老闆如果不加以辨別，不考慮有多少事實的依據，就不分青紅皂白斥責、懲罰員工，那麼員工往往很難接受。如果有人不懷好意打小報告，而老闆卻把這些當成事實依據，不給員工一點解釋的機會，這不僅是不公正的，而且也很難服眾。

所以，在處罰員工之前，老闆要做到實事求是，不能主觀臆斷，妄下結論，否則會喪失自己的威信。有的事情，即使你親眼所見，也不一定就是事情的真相，更何況是從他人嘴裡聽到的消息呢？不論任何事情，人們都會有自己的主觀印象，就像案例中的老闆僅憑徐威任寫的一份報告，就聽信了張志宏的一面之詞，做出了不公正的處罰。所以，在作出處罰的決定的時候，老闆一定要避免自己的主觀臆斷，要把事情的起因經過調查清楚，從實際出發，分清責任，這樣的處罰才能有理有據，公正公允，員工也才能心服口服。

那我應該怎麼說？

你可以這樣對員工說：「你反映的情況很重要，我會做詳細的調查，兩天之內給你回覆。」

對於員工所反映的情況，老闆除了做到重視之外，還要保證在一定期限內經過調查，然後再作決定。只有這樣，員工才能相信老闆不是在敷衍自己，而是真的重視這件事情，並努力調查清楚事情的真相。

員工的第 8 道陰影：
不要以為公司沒有你就會倒閉

　　彥安大學畢業後，進入了一家科技公司，成為了一名研發產品的技術人員。由於電子產品的更新速度很快，身為研發人員，如果不努力提高自己的研發能力，很快就會被淘汰。所以，彥安除了參加公司的系統培訓之外，還利用下班時間學習，因此他在技術上的進步很快，成為產品部門的技術核心人物。

　　彥安的技術雖然在公司裡做到了出類拔萃，但他發現與其他一流企業的員工相比，就有些相形見絀了。雖然公司定期會外聘電子方面的專家來幫他們技術部門的員工上課，但上課內容則老生常談，毫無新意，這對於剛工作的人來說是有益的，但對於在技術領域內取得一定成績的人來說，不僅無法提高他們的技術水準，反而會令他們固守常態，無法持續創新。所以，彥安懇切的向技術部門的趙經理提交了一份報告。在報告中，彥安提出派一些技術核心人員到海外深造的建議，讓他們向海外企業學習技術，開闊眼界，拓展思維，這不僅會提高他們技術創新的速度，而且對公司的發展也會大有益處。

　　趙經理也覺得彥安的建議不錯，便把報告提交給老闆。老闆看過報告後，只是淡淡地說：「對於技術人員的培訓，公司

一直按照自己的計畫去做，而且頗有成效，不需要另外再派技術人員出國深造。」

當彥安從趙經理的口中得知老闆的態度之後，認為公司只把他們技術人員當成廉價的賺錢工具，根本不在意他們是否成長。而對於渴望在技術上得到進一步提升的彥安來說，公司已經無法讓他成長，所以他決定辭職自費出國進修，並把這一計畫告訴了趙經理。趙經理十分愛惜彥安這個人才，覺得公司失去他實在可惜，便讓彥安暫時不要辭職，由他去和老闆協商，看看是否有迴轉的餘地。彥安答應了。

透過上次的交談，趙經理感覺到老闆雖然表面上否決了這個建議，但實際上，他內心還是十分贊同這個建議的，只是考慮到安排員工出國學習是一項龐大的開支，時間長了，恐怕公司難以承受。也正是抓住了老闆的這點，趙經理才決定再次遊說老闆，希望他能接受彥安的建議。

然而，當趙經理花了足足半個小時向老闆分析了彥安所提建議將來會為公司帶來種種益處後，得到的依然是冷淡的回應。趙經理正要疑惑地加以詢問時，老闆卻搶先開口詢問，語氣充滿了不悅：「這個彥安的技術是全公司最好的嗎？如果我採納了他的建議，他就不會離職了嗎？」

「不能說是最好的，但也是最優秀之一，他在技術方面有很高的悟性。」張經理說，「至於他是否辭職，我之前和他談

過了，如果公司能為他提供出國學習的機會，他肯定會留下來的。」

「他竟敢辭職來要脅公司！」老闆突然發怒了，「以後所有的員工是不是都能像他一樣用這種方式來要脅公司？你現在把他給我找來！」

張經理還想說什麼，但最終還是轉身出去告訴彥安老闆找他談話。彥安見張經理一臉沮喪，就已經猜到發生了什麼事情。果然，他剛走進辦公室，還沒來得及說話，老闆就劈頭蓋臉訓斥他說：「不要以為公司沒有你就會倒閉！我告訴你，你走了，我照樣能找到比你更優秀的人！」

等老闆咆哮完了，彥安才平靜地說：「公司沒了我雖然可能不會倒閉，但它永遠只能是三流企業！」說完，轉身就走了，只留下錯愕的老闆。

很快，彥安就辭職出國深造了，公司員工聽說這件事情後，慢慢也發現公司的「人才至上」不過是一句口號，根本沒有任何實際行動，感到失望的同時，也有不少技術核心人員陸續離開了公司。

為什麼不能這麼說？

老闆咄咄逼人的打擊，會讓員工沒有歸屬感和存在感，他會毫不猶豫地選擇辭職。

在現代企業中，很多老闆意識到公司的最大核心競爭力就是人才，也只有擁有龐大的人才資源，公司才能在激烈的競爭中立於不敗之地。然而令人遺憾的是，很多老闆雖然意識到了人才的重要性，但僅限於嘴上說說，根本沒有引起足夠的重視，在與員工談話時，不注意自己的說法方式和語氣，甚至口無遮攔。就像案例中的老闆，面對彥安提出的良好建議，不僅沒有採納，反而認為他是拿辭職來要脅自己，簡直就是小題大做。而對於彥安來說，他提建議的目的一是出於自己考慮，二也是為公司長遠利益著想。及至後來建議被老闆否決後，他只是認為公司無法提供自己成長的機會，便決定自費出國深造。值得注意的是，彥安辭職的最終目標是提升自我，而非另謀高就。就這一點來說，就應該值得讚揚，而董事長的反應則過於敏感，他咄咄逼人非但沒有嚇退彥安，反而更加堅定了他辭職的決心。

在現實環境中，公司和員工的關係是不對等的，公司始終處於強勢地位，因此讓一些老闆產生錯覺，認為只要肯出錢，就不怕請不到公司需要的優秀人才。但是，如果老闆抱有這樣的觀念，在現實中必定不會真正把員工當成企業的財富，而員工感受到這一事實之後，必然會感到失望，與公司離心離德，不願意盡力發揮自己的才能。

那我應該怎麼說？

你可以這樣對員工說：「經過慎重考慮，我認為你的建議確實值得嘗試。但前提是，包括你在內，出國進修的名額限定在五個。如果進修卓有成效，我會繼續安排人出國學習。」

首先，你讓步並非沒有底線，你的底線就是五個名額，這麼一說，不僅巧妙避開公司資金壓力大的藉口，也會讓他感到公司確實很有實力，並非沒錢。其次，你的讓步和許諾會讓他找到歸屬感和自我認同感，他必然會暗下決心努力進修。再次，如果他願意去，自然是皆大歡喜；反之他執意辭職，或許是有了新的想法，大家好聚好散，也沒有必要再強留。

員工的第 9 道陰影：
別忘了，這是我的公司

國偉是一家建材公司的老闆，生活十分節儉，所以很自然地，他在公司也要求員工們務必做到節儉。

一天，公司一位業務員琬婷影印時，隨手將一張沒有印好的紙扔到了廢紙桶裡。恰巧，從旁經過的國偉把剛才的這一幕全都看在眼中。只見他三步並作兩步走到廢紙桶前，彎腰從中

撿出那張紙，對琬婷說：「這張紙只有一面沒有印好，而另一面是乾淨的，你為什麼要扔掉浪費公司資源？別忘了，這是我的公司。如果公司是你的，你會這麼浪費嗎？」琬婷雖然性格較隨意，但對於工作，她是十分認真、負責的，該努力的時候絕對不會含糊，所以她是公司有名的銷售高手，所作出的業績也是大家有目共睹的。而身為公司銷售明星的她，如今卻遭到老闆當眾斥責，感覺丟了面子的琬婷當即回應說：「不就是一張紙嗎？我下回注意不就好了嗎？」琬婷此語一出，大家都暗自為她捏了一把汗。因為國偉是一個追求節儉的人，琬婷如此不在乎的回應，豈不是犯了他的大忌嗎？

國偉本想罵琬婷一頓就完事了，可是一聽她的話，頓時暴跳如雷，叫囂著要辭退琬婷。這時，銷售經理見事情鬧大了，慌忙過來打圓場，要求琬婷跟國偉道歉，又表示以後一定會好好管教下屬。可琬婷這時的脾氣也上來了，不論經理怎麼勸說，她就是拒不道歉。國偉深感難堪，馬上要求銷售經理解僱琬婷。銷售經理連忙替琬婷說好話，誇她能力出眾，業績也是數一數二的，可是國偉決心已定，就是不買單。他說：「能力出眾又能怎樣？就算有業績，她也不能靠業績浪費公司財產！」

聽到這裡，琬婷再也忍不住了，她大聲說：「你要辭退就辭退，我早就不想做了！」說完，回到座位上，收拾好東西就離開了公司。

　　琬婷走後，國偉依然沒有意識到自己的強勢，反而認為公司在節儉方面做得還不夠好。所以，在以後的日子裡，他三天兩頭就開會，強調節儉的重要性。

　　從此，公司全體員工都小心翼翼地遵守國偉制定的各種節儉制度。比如，辦公室裡少於十人，不得開冷氣；冷氣打開之後，溫度要適中；下班之後，一定要關掉飲水機電源。有的管理者為了迎合國偉，節約成本，甚至提出員工在領取新筆記本時，必須把之前使用過的筆記本交到總務部。這樣就能對員工形成制約，避免形成浪費。透過種種舉措，公司的辦公成本果然節約了不少，國偉對此成效更是十分滿意。

　　可是好景不長，在接下來的幾個月裡，不斷有員工因忘記或者無法適應這些制度而選擇離開或被公司辭退。從此，公司徹底陷入員工頻繁流失的狀態，公司業績也不斷下滑。

為什麼不能這麼說？

　　老闆過分強調「這是我的公司」，直接會與員工之間築起一道防線，形成溝通障礙，員工會認為，既然你把沒我當成公司的一分子，那你的公司又跟我有什麼關係？

　　權威機構曾做過調查，發現人們每天最常說的字是「我」。就像孩童，他們最喜歡說「這是我的」或者「我要什麼」，這是他們強烈的自我意識表現。如果老闆在日常工作中，也像孩童

一樣用「這是我的公司」來要求員工做這做那時，就會給員工一種高高在上的印象，會讓員工與你格格不入。所以，要想讓自己變得有親和力，就盡量少把「我」字掛在嘴上，別說「我的公司」，而說「我們的公司」。

就像記者在採訪時，為了尋求被採訪者的配合，他們會說「請問我們這項工作的進度」或者「請問我們企業」；再看演講高手，他們演講時，經常說「我們是否應該這樣」、「讓我們」。這樣說話緩和親切。因為「我們」這個詞，代表了對方也參與其中，也是團隊中的重要一員，所以會喚起對方的參與感，讓人與你產生共鳴。

那我應該怎麼說？

你可以這樣對員工說：「你又忘記我們公司的節儉的口號了吧？我們公司提倡節儉不僅是為了節省成本，更是為了能讓你養成節儉的好習慣，這會對你的將來大有好處。」

首先，與員工說話的時候，多用人稱代詞「我們」，不僅可以巧妙地拉近你們之間的距離，使員工覺得你時刻把她視為公司的一分子，是和她站在一條戰線上的，這樣就不會排斥你。其次，站在對方的角度考慮，會更容易讓對方接受你的意見。

員工的第 10 道陰影：
你拿著公司的薪水，就要好好做事

某公司在星期五開例會時，公司主管層都準時到了，唯有市場部林經理不見蹤影。脾氣暴躁的老闆耐著性子等了幾分鐘，便讓祕書去催。不用多久，祕書回覆說：「林經理說他有急事，會晚到。」一聽這話，老闆的臉馬上就沉下來說：「好了，不等他了，我們先開會。」

會議剛進行到一半，林經理急忙推門而入。還未等他坐下，老闆就怒氣衝衝地質問道：「你去幹嘛了？怎麼到現在才來？」

林經理趕緊解釋說：「我是真的有事，剛剛一個客戶和突然跑來簽約，本來跟他約的是下午，他說下午有急事要辦，現在必須馬上把合約簽好。」為了讓老闆相信自己，他還把手裡的合約拿了出來，果然是當天簽的。

雖然老闆也認為林經理確實是為公司做事情，可是也不能以此當作遲到的藉口，為什麼就不能在事前請假呢？所以，老闆覺得有必要再修理一番林經理。他說：「我任命你做主管，是對你的信任。而你拿著公司的薪水，難道就是這種表現嗎？退一步說，即使你是為公司做事，那麼你說大家誰不是在為公司做事？你這樣做同樣是耽誤了大家的時間。」

林經理有些不服氣反駁說：「不就是耽誤了幾分鐘嗎？大家也沒有特別等我，況且公司也沒有緊急任務必須提前請假的規定啊！」

　　還沒等林經理把話說完，老闆已經暴跳如雷吼道：「你這是什麼態度？你覺得讓大家等你一個人合理嗎？你拿著公司的薪水，就要好好做事。」

　　林經理旁邊的幾個其他部門主管見再這麼繼續下去，場面會越來越不可收拾，便暗示他不要再說話了。林經理氣憤難當，哪裡會管那麼多，一句話也沒說，轉身摔門而去……

　　在接下來的日子裡，老闆雖然沒有再提林經理當場發飆的事，但心裡總覺得自己顏面掃地，在員工面前也喪失了威信。因此，在工作中，有幾次他還故意挑林經理的毛病，意在讓他難堪。對於老闆的刁難，林經理選擇了隱忍，他認為公道自在人心，大家會看清老闆的真實面目的。

　　對於林經理的隱忍，老闆反而更加變本加厲責罵他，萬般無奈的林經理只好選擇了辭職。林經理一走，員工們都議論紛紛，認為老闆不僅喜歡強調自己身分和地位，還是一個小心眼的人。表面上，員工們礙於面子，都給予老闆足夠的尊重，但實際上，他們打從心底看不起老闆。

為什麼不能這麼說？

一個向員工強調自己是發薪水的老闆，不僅無法贏得尊重，還會引起員工的反感。

老闆最不能忍受員工對自己有絲毫的不敬，總是擔心員工會忘記自己是提供他們飯碗的人，甚至希望員工意識到是自己養著他，從而對他感恩戴德，唯命是從，這是很多老闆常見的心態。不過老闆若是把這種心態公諸於眾，不僅是不理智而且還是非常危險的行為。對於老闆的反覆提醒，員工不僅難以產生認同感，反而會產生厭惡。因為在員工看來，自己的薪水是透過自己努力賺來的，公司只是為自己提供了一個發展的平臺而已。

案例中的林經理因處理公司事務耽誤參加會議，老闆認為這是對他的一種不尊重，便以「你拿著公司的薪水，就要好好做事」這種盛氣凌人的話告誡他，言下之意就是「我是為你提供飯碗的人，你要給我足夠的尊重，必須按照我說的做」。這種話不論在誰聽來都會覺得難以忍受，因為在工作中，老闆與員工雖然是上級與下級的關係，但只有員工在得到足夠的尊重和理解的前提下，他才會心甘情願為公司付出自己的聰明才智。所以身為管理人員林經理的遭到老闆的責罵後，難堪之下，為了挽回面子，便頂撞了老闆。至此，雙方衝突徹底升級，老闆甚至不惜在日後的工作中刁難林經理，以此來洩憤，

結果逼走了林經理的同時，也在員工心中留下了一個心胸狹隘的印象。此外，老闆如果太注重這種虛假的權威，會讓一些有心員工學會察言觀色，處處迎合老闆，做表面文章，一旦公司內部形成這種風氣，勢必會阻礙公司的發展。

那我應該怎麼說？

你可以這樣對員工說：「你是為公司辦事才遲到，雖然情有可原，但還是值得我們多加重視。以後不論公事還是私事，無法參加會議者要前提請假，否則我會做出相應的懲罰。」

某集團有開會遲到者罰站一分鐘的規矩，而規矩的制定者也曾罰站過。不以規矩，無以成方圓，所以在員工參加會議遲到時，你應該反省公司對遲到處罰是否有明文規定，而不是一味指責員工，強調自己的權威。另外，如果公司針對遲到有明確的制度，老闆就應該帶頭執行，否則上行下效，最終也無法發揮什麼作用。

FIFTY SHADES OF
SPOILED
BOSS

第三章
一言之堂，強令執行

員工的第 11 道陰影：
下班後你也要記住你的責任

南賢就職於一家房地產公司，擔任老闆的祕書。一天下班之後，她興沖沖地和男朋友一起去看電影了。為了避免別人打擾、好好享受二人世界，南賢將手機關了機。

電影結束後，時間已接近凌晨。南賢回到家，草草洗漱後就上床睡覺了。

第二天，南賢準時來到公司，開啟電腦準備工作時，發現信箱裡有一封老闆寫給她的郵件，內容是這樣的：如果我沒記錯的話，我早就告誡過妳，不論做什麼事情都要牢記責任，尤其是工作！昨天下班之後，妳難道不該跟我確認沒事才能離開嗎？你要知道，昨天我來辦公室取東西的時候，妳卻把我鎖在門外！從今天開始，不論我在不在辦公室，你下班之後必須跟我報備才可以離開公司，這是妳的責任，明白了嗎？

這封措辭嚴厲的信讓南賢倍感委屈。原來，南賢的老闆下班回家處理公司事務時，發現將一份文件放在了辦公室，於是便趕回公司去取文件。可是，到了辦公室門口摸遍全身口袋也沒有找到鑰匙，他這才意識到鑰匙肯定也放在辦公室裡了。所以，老闆馬上給南賢打電話，請她把鑰匙送來，可是她的手機卻關機了。老闆又打南賢家裡的電話，卻一直無人接聽。

　　氣急敗壞的老闆只好離開。在回家的路上，老闆越想越生氣，他認為南賢這種行為對他是極其不尊重的，必須給她一個教訓，以此來警惕公司的其他員工。於是，他就傳了那封郵件給南賢。

　　南賢沒想到老闆會為了一件無法預料的小事有如此大的反應。按照常理來說，她應該在第一時間向老闆道歉，獲得他的原諒。可是，她轉念又想到老闆在以往的工作中習慣性的頤指氣使，更讓她難以忍受這件事情。經過慎重考慮，南賢決定離開這家公司。在辭職前，她還回覆了郵件給老闆，並在信件中對著老闆發飆。

　　在信中，南賢認為整件事情自己沒有錯，鎖門本來就是必須的。老闆自己沒有帶鑰匙卻怪罪別人。此外，南賢還指出，老闆沒有權力干涉自己的私人時間，讓員工增加額外的工作。

　　南賢在工作中兢兢業業，十分努力，而且和同事們的關係也不錯。當同事們得知南賢的遭遇後，同情她的同時也十分佩服她炒老闆魷魚的勇氣。

　　俗話說：「好事不出門，壞事傳千里。」這件事情很快就在公司傳開了，那些曾受過氣的員工馬上與南賢產生了情感共鳴，並透過各種方式聲援、支援她。

　　事態發展到如此地步，老闆越來越惱怒，他開始命人著手調查究竟是誰將此事洩露出去的。就在這時，有位員工將老闆

的各種背景資料放到了網路上，從而引起了更多人的批評和抨擊，大家都對老闆小題大作、刻薄的行為表示強烈的不滿。

這件事情對這家房地產公司產生的負面影響極大，以致於很多求職者在聽說該公司老闆如此刻薄之後，都不願意前來應聘。

為什麼不能這麼說？

從某種意義上說，老闆與員工之間只是僱傭和利益關係，當老闆口氣給員工下達「下班之後必須和我確定沒事才可以離開公司，這是你的責任」的命令時，就已經增加其額外的工作量了，雖然這僅僅是一件小事，但老闆不容置喙的語氣會引起員工的反感。

案例中老闆顯然是一個強勢的老闆，他似乎已經習慣抓一些雞毛蒜皮的小事，想以此樹立自己的權威。長此以往，便加深了與員工之間的矛盾。所以，當他再次以「辦公室鎖門」的小事向南賢下達「下班後也要記住妳的責任」這樣超出員工接受範圍的命令時，最終導致雙方的心結因此爆發。然而，令人意想不到的是，南賢的負氣辭職卻產生了一連串蝴蝶效應，導致事情越鬧越大，最終產生了雙方都不願意看到的結果。

不可否認的是，老闆最後一次下達的命令是整件事情的引爆點，如果老闆在平日工作當中做到態度和藹，多關心員工的

話，南賢可能就會想到老闆要取的東西也許十分重要，難免會為此發脾氣，那麼她就會主動向老闆道歉，這樣大事化小，小事化了，自然就不會發生後面的事情了。

那我應該怎麼說？

你可以這樣對員工說：「我辦公室裡有很重要的文件，而你是一個值得信賴的人，所以以後我希望下班之後耽誤你一點時間，跟我確認沒事之後再離開，希望你能諒解。」

在安排額外工作給員工的時候，老闆在明確地告知對方這份工作的重要性的同時，也要讓對方知道，他是完成這項工作的最佳人選。而在安排一些額外重大的工作時，老闆也要明確地告知對方這項工作會給其帶來什麼好處，比如可以鍛鍊能力、能夠學到新技能以及接觸到更多有趣的人等等。此外，值得一提的是，即使額外安排的一些小事情，老闆也要選擇合適的時機給予其獎勵或讚許。只有這樣，員工才能帶著愉快的心情去完成額外的工作。

員工的第 12 道陰影：
照我的計畫去做

　　冠誠經營了一家飲料廠，由於其在研發方面捨得投資，所以，該廠生產飲料甘醇甜美，令人回味悠長，在飲料市場上也大受歡迎。後來，隨著銷售額的增加，飲料廠的規模越來越大，冠誠開始不滿足現在的經營模式。原來，飲料廠生產出飲料後，由代理商推向市場，這些代理商只是轉手一次，就賺得盆滿缽滿，而冠誠給他們的批發價十分低廉，所以他覺得很不划算。鑑於手裡有大量的流動資金，冠誠決定成立一個行銷部，專門負責推銷自己生產的飲料。

　　由於資金充足，行銷部很快就建立起來了，同時，冠誠還招聘了一個行銷部主管和十幾個銷售人員。

　　行銷部正式營運後，冠誠首先召開了一次會議，將自己的行銷計畫告訴了行銷部的員工們，並要求他們盡快執行。可是，一直到會議結束後，員工們才委婉地對冠誠計畫中的一部分提出質疑，認為有些不符合實際，如果具體實行的話，可能在短期內難以取得成績。

　　行銷部包括主管在內的部分員工都是做業務出身，工作經驗豐富，對飲料市場的分析也十分客觀，所以他們提出的質疑也頗為中肯。可是，冠誠對此則有些不屑一顧。他認為自己在

飲料行業數十年，所經歷的事情哪裡是你們年輕人所能比的？整個計畫是經過自己深思熟慮制定的，怎麼可能會出現疏漏？所以，面對員工對部分計畫的質疑，冠誠不僅不願多作解釋，反而信心十足地說：「這個計畫我已經考慮很久了，不會出什麼問題的，大家只要按照計畫執行就可以了。」

冠誠的話剛說完，員工們就開始互相議論起來，這時主管對冠誠說：「我們不是不承認這個計畫的合理性，只是計畫的某些部分我還心存疑慮。比如，首要開拓市場為什麼要選定在 B 市而不是 A 市？據我所知，A 市經濟發達，人們有強的潛在購買力，而 B 市飲料市場已經達到空前飽和，品牌林立，競爭激烈，我們為什麼不把 A 市作為首要開拓的城市呢？」

冠誠聽到這裡，見主管還要繼續說下去，便打斷說：「好了，不要說了，你以為你比我高明？我制定的這些計畫，自然有我的道理。只是有些問題我沒有必要向你們交代那麼清楚，而你們身為員工，服從命令就是天職，照我的計畫去做！」主管和其他員工一聽老闆這話，只能奉命執行他的計畫了。

在飲料業，冠誠無疑是元老級人物，但他的各種經驗都是關於生產飲料的，而關於行銷，他卻知之甚少，甚至可以說是外行。可是，多年經營飲料廠的成功讓他變得自負、狂妄，這次制定的整個計畫，他完全無視員工們的意見和疑惑，注定會受到挫折。

果然，行銷部的員工雖然在 B 市勉強打開了市場，但卻遭到各路競爭對手的聯合打壓，結果導致飲料銷路不暢。一個季度下來，他們完成的銷售額甚至不到冠誠預定目標的一半。為此，冠誠大發雷霆，責罵員工們辦事不利，並揚言追究主管的責任。主管倍感委屈，解釋說因為當初公司制定的計畫不合理才造成今天的局面。冠誠則認為他是在推卸責任，一怒之下竟然解僱了他。行銷部剩下的員工為此感到十分氣憤，經過商量，他們集體辭職了。

冠誠這才意識到自己的錯誤，但木已成舟，員工集體辭職的局面已經無法挽回。

為什麼不能這麼說？

強令執行，只能阻塞進諫之路，聽不到別人指出自己的缺點，最後以失敗收場。

一個計畫的順利執行，包括諸多因素，其中員工對這個計畫的理解和認同十分關鍵。案例中的冠誠在宣布計畫時，主管雖然提出了明確的質疑，但以經驗豐富自居的冠誠認為自己的計畫無懈可擊，不僅沒有採納員工的意見，反而強令其執行，結果百密一疏，造成了無法挽回的結局。

如果冠誠能有「人無完人」的意識，考慮到自己在制定計劃時，也可能會有疏漏之處，耐心傾聽員工的意見和建議，綜

合考慮，進一步完善計畫，這樣也許就能避免造成公司不必要的損失。

然而現實中，有不少老闆喜歡無視下屬的意見，認為自己身為老闆，如果根據員工的意見來下決策，會顯得自己沒有能力，會讓自己喪失威信，因此存在一意孤行的癖好，聽不進別人的意見和建議。當別人想提出自己意見時，他們常常打斷別人或者直接叫對方「閉嘴」。此時他們還沒意識自己的行為失當，可是總有一天當公司因為他的決策失誤而蒙受損失時，他們才會追悔莫及。

那我應該怎麼說？

你可以這樣對員工說：「大家今天要暢所欲言，提出自己的意見和看法，我會綜合大家的意見，合理完善計畫。」

不要以為自己比員工高明，不要認為員工提出不同的意見會有損你的權威。不管員工的意見有沒有採納的價值，你首先要做到耐心傾聽，聽明白了員工的意思，你才知道其意見是否有用。身為老闆需要有博大的胸懷和氣度，汲取員工建議中的合理成分，會讓你更容易贏得員工的尊重和信任。這不僅利於你和員工之間的關係，最終還會有益於公司的發展。

員工的第 13 道陰影：
如果無法完成任務，就扣你年終獎金

　　丁老闆的公司最近快速發展，找他合作的公司一家接一家，丁老闆忙得團團轉，幾乎連睡覺的時間都沒有。他想，如果公司按照這樣的發展趨勢，過不了幾年就能發展成為業界頂尖的企業。

　　正當丁老闆沉浸在美妙的幻想中時，一個老客戶打電話來，要求丁老闆在一個星期內做出一份針對他們公司的宣傳方案。丁老闆考慮到公司最近人手不夠，人人都有自己要做的工作，如果將工作接下來也騰不出人手來完成。正當他想要拒絕的時候，忽然又想到對方給出的高額報酬，馬上改變了主意，答應對方在一個星期之內一定會提出方案。

　　放下電話後，丁老闆馬上叫來人事部經理，詢問最近招聘員工的情況。經理回答說：「近來已經安排了好幾場面試，但結果並不理想，應聘者雖然很多，但沒一個能滿足公司的要求。即便有勉強能達到要求的，也必須透過半個月的培訓才能上手。

　　一聽經理這話，丁老闆這才有些後悔自己急功近利了，如果無法在規定時間內完成文案，不僅得罪了客戶，更意味著將會失去這個重要的客戶。為了保住客戶，丁老闆當機立斷，決

定不再等待新員工，選擇由老員工來完成這個方案。可是，丁老闆把所有老員工的名字依次想了一遍，也沒到想到一個不忙的人。他們手裡都有各自工作，而且都是有時間限制的，沒有一個是能耽誤的。到最後，丁老闆忽然想到了老員工祐誠，他不就是最合適的人選嗎？我怎麼把他給忘了！

祐誠來公司已經五年了，在這五年的時間裡，他經手的方案，不僅做得漂亮，而且還能在規定時間內完成，從來不需要加班，是公司有名的「快刀手」。以往公司有什麼重大急件，都是由他操刀完成的。想到這裡，丁老闆決定讓祐誠為公司救急。

當丁老闆把自己的想法告訴祐誠後，祐誠臉上並沒有浮現出那種臨危受命的使命感，反而推辭說：「老闆，您也知道，我手頭也有一個方案需要完成。而且這個方案難度很高，我能在規定時間內完成已經很不錯了。況且，終止進行了一半的工作去做另一項工作，我恐怕不能全心投入，到時候把兩件事情都耽誤了。」

丁老闆是個急脾氣，一聽祐誠竟敢當面拒絕他，不由得怒氣衝衝地說：「你另外一個方案離完成期限不是還有半個月嗎？現在你抽出一個星期的時間來完成新方案。不論怎樣，我要求你兩個方案都必須在規定時間內完成！如果無法完成任務，或者完成了其中一個而耽誤了另一個，我就扣你年終獎金！」

祐誠當時很想直接辭職，但又考慮到目前工作很難找，他也只能委曲求全，開始無休止的加班趕企劃案。一個星期過後，祐誠順利完成了新方案後，又馬不停蹄地趕那個只完成了一半的案子。又一個星期過後，祐誠第二個方案也宣告完成。可是，當丁老闆把第二個方案交給客戶後，客戶對方案十分不滿意，提出了很多批評意見，讓丁老闆很尷尬。

　　回到公司後，丁老闆把一肚子氣全都發到了祐誠身上，並命令他在兩天之內將方案重新修改好。本來心裡就有怨氣的祐誠終於爆發了，說：「你要我用完成一個方案的時間，去完成兩個方案，已經很勉為其難了，我能做到這個程度已經很不錯了！方案要改你自己改，我不做了！」張老闆看著祐誠遠去的背影，一時不知道說什麼好。

為什麼不能這麼說？

　　員工會理解為：你這是在威脅我嗎？

　　「威脅」是最讓人不舒服和反感的詞彙。當一個人的話語中帶有明顯的威脅性語氣或者威脅性詞彙，儘管他說得再有道理，傾聽者都會認為自己受到了威脅，他們往往會予以反擊或者置之不理，當然，那就更不會產生情感共鳴了。

　　職場上的員工，不論脾氣暴躁還是性格溫順者都不會喜歡受到老闆言語上的威脅。脾氣暴躁者可能會不計後果，當場發

作，與老闆針鋒相對，結果是兩敗俱傷。而性格溫順者雖然可能為了顧全大局，當下選擇逆來順受，但受到威脅的感覺會深埋內心，直到機會成熟，他會用自己方式來予以反抗。就像案例中的祐誠一樣，能力出眾，理性有加，如果丁老闆當時說明事情原由，那麼祐誠雖然內心不情願，但也不好拒絕老闆的要求。然而，丁老闆卻毫不考慮祐誠的感受，開口就以扣除年終獎金相威脅，迫使祐誠不得不接受任務。

如果隨著方案的完成，祐誠也許就不會因受老闆威脅而離開公司。但是，丁老闆卻因第二個方案的瑕疵大發雷霆，讓祐誠因上次受到威脅的不滿徹底爆發，從而負氣離職。如果丁老闆在安排任務時，告訴祐誠做這項工作會給他帶來什麼好處，或許就能讓祐誠避免第二個方案出錯，畢竟帶著情緒工作難免會有疏漏之處。這樣做，老闆不僅能準時提交方案給客戶，而且祐誠也能獲得獎勵，豈不是兩全其美之舉？

那我應該怎麼說？

你可以這樣對員工說：「我知道你手頭有一個企劃案需要做，很不好意思！不過如果你願意接下這個新方案的話，對你來說不僅是個挑戰自我的機會，而且事成之後，我馬上發一萬元獎金給你。」

員工在公司每天固定有要忙的工作，他也會按照自己的計畫進行，當你突然下達指令時，他不得不調整原來的計畫，這

本身就不是一件令人愉快的事情。所以，你在激勵他迎接挑戰的同時，也要給他實質性的獎勵，而非畫大餅。員工也只有在獎金的刺激下，才願意去做做額外的工作。

┃ 員工的第 14 道陰影：
┃ 你哪來的那麼多為什麼？照我說的做

　　岱元是一家服裝公司的設計師，由於總經理十分開明，所以他在這家公司做得很開心，與同事相處得也十分融洽。可是，好景不長，不久總經理就被調任另外一個分公司擔任總經理，而新來的吳經理是設計業的大人物，岱元對他充滿了敬畏之情。

　　吳經理剛上任就命令岱元將以往的服裝設計圖紙拿給他看，岱元不敢怠慢，馬上遵照吳經理的指示去辦。

　　當岱元把所有的服裝設計圖送到吳經理的辦公室後正要離開，吳經理卻突然叫住他，讓他等一等，然後低頭自顧翻著圖紙。岱元站在吳經理身旁，心中不由得開始忐忑起來，生怕他會挑什麼毛病。果然，當吳經理把所有的圖紙翻看完之後，抬頭對岱元說：「這就是你做的服裝設計圖紙？這裡有一半設計還算及格，但還有部分仍有瑕疵。看來我要多替你把把關了。

以後你每做好服裝設計圖紙後，必須先交給我審核，等我審核通過了，再交給製衣工廠。」岱元趕忙連聲答應。

面對吳經理的嚴謹，岱元為自己感到慚愧的同時，也慶幸吳經理願意在設計上為他把關，予以指點。可是，在日後的工作中，每當吳經理發現岱元的設計有瑕疵時，就會命令他說：「去，把這個地方修改一下。」語氣中透露著不容置喙的威嚴。

岱元為此感到十分莫名其妙，因為吳經理沒有告訴他為什麼要修改。後來，隨著這種情況經常發生，吳經理在岱元心目中崇高的形象逐漸坍塌，甚至私下抱怨：「你是著名的大設計師，沒有人會質疑的你才能，但是你也沒有必要和我這個小人物過不去吧？我的設計有瑕疵，你讓我改，我也十分樂意改動，可是你總得告訴我修改的理由是什麼啊！」

有一次，岱元見吳經理心情不錯，便乘機問道：「吳經理，我的設計為什麼要這樣修改？我想聽聽您的意見，之後便能改進。」沒想到吳經理一聽岱元這個問題，立馬沉下臉說：「你哪來的那麼多為什麼？照我說的做就是了！」

岱元覺得萬分失望，他覺得自己是吳經理眼中的一個小人物，是一個工作的工具，不能有自己的思想，必須按照他的話去做，這樣下去，怎麼能提高自己的能力呢？更重要的是，吳經理總是喜歡發措詞強硬的命令，讓人很難接受。想到這些，岱元便毫不猶豫地向吳經理遞上了辭呈。

為什麼不能這麼說？

員工表面雖然會接受命令，但內心不服，甚至會抵觸、敷衍你的命令。

有很多老闆自認為，當老闆就要有老闆的威信，該命令員工的時候就命令，這話雖然不乏道理，但凡事過猶不及，如果老闆總是抱著這種想法，那麼他很容易陷入自己就是權威的泥沼無法自拔，容不得別人有任何一點質疑，更不會用商量的口吻來傳達命令。

而身為企業的老闆，要想讓員工積極主動地完成工作，最重要的是要跟員工之間建立雙向的溝通。如果你懂得用商量的口吻和員工交流，然後再交代工作任務給他，那麼他不但會高興地接受，而且還會按照你的指示去做好工作。因為從你商量的口吻中，讓員工感受了被尊重和重視。

日本「松下電器」的創始人松下幸之助在創業之前，曾在別人手下工作過，所以在創業之後，他能夠站在員工的角度去考慮對方的感受。因此，在下達命令或指示時，他會盡量採用商量的口吻，他常用的商量的話是「我是這麼想的，你認為呢？」試想，不論哪位員工聽到老闆這麼說，誰不會感覺自己受到了尊重？所以，老闆應該學習這種交流方式，少用命令的口吻，因為員工也不喜歡被呼來喚去，尤其是愛面子、年齡較大或者自尊心較強的員工。其實，老闆與員工之間，既是上下

級關係，領導和被領導關係，又是一種同事甚至是朋友關係。老闆與員工的高低僅僅呈現在職務上，而在人格上則永遠是平等的。

那我應該怎麼說？

你可以這樣對員工說：「我認為如果你把這個地方再做進一步的修改，或許效果會更好一點。你認為呢？」

在命令員工做事時，首先不能表現出命令的姿態，更不要以為下達完命令就萬事大吉了。工作中，下達命令是必要的，但一定要用商量的口吻去下達命令，同時也要告知對方你這麼做的理由，然後再進一步詢問對方的意見。這樣說，不僅能讓員工樂意接受你的命令並出色地完成任務，而且也能贏得員工的好感和信賴。

▋員工的第 15 道陰影：
▋先做好你的工作，再來和我談薪水

佑丞就職於一家網路遊戲公司，是研發部的主力員工。這一年，而立之年的佑丞終於貸款買了一間房子，與相戀多年的女友走進了婚姻殿堂。面對每個月的房貸，佑丞雖然有壓力，

但覺得能與相愛的人在一起，壓力也是一種動力。

可是，好景不長，沒過半年，佑丞所有的收入除了應付日常開銷外，全部都用來還房貸，日子開始過得緊張起來了，最令人他擔憂的是，如果以後依然賺這麼點錢，恐怕會無力負擔高昂的房貸。

為了緩減生存壓力，佑丞便委婉地向老闆提出了加薪的要求。佑丞在這家公司工作了多年，雖然沒有為公司作過驚天動地的貢獻，但小功勞還是不少的，這也是他向老闆提出加薪的勇氣和籌碼。

老闆聽了佑丞的要求以及加薪的理由後，卻開始顧左右而言他：「現在公司有一件工作任務，難度很高，如果你敢接受挑戰並能在規定時間內完成，到時候，我一定會為你加薪。」說完，又詳細地介紹了這項任務。佑丞雖然知道自己的能力並不弱，但面對這樣重要的任務，必須由團隊合作才能完成。想到這裡，他不禁開始懷疑老闆是在故意難為自己，如果現在拒絕，不正是向老闆顯露了自己的膽怯了嗎？這樣一來，加薪自然會不了了之。

經過仔細權衡，佑丞決定拚一把，一咬牙接下了這個任務。結果，由於老闆給的期限比較短，再加之沒有團隊的協助，佑丞孤軍作戰的結果是沒能按時完成任務。老闆借此事大加斥責佑丞：「我可是給了你機會，是你自己不珍惜，這就不

能怨我了。另外，我告訴你，以後先做好你的工作，再來和我談薪水！」

聽了老闆的批評，佑丞既難過又氣憤：這分明就是在為難我吧！他認為，工作任務這麼難，自己做不完也是意料中的事情。自己努力了最後沒有完成，這也不算工作失誤。可是老闆卻藉故來告訴我：你還沒有資格談加薪！

從此，佑丞與老闆之間產生了隔閡，不久競爭對手公司向佑丞伸出了橄欖枝，並許以優厚的待遇，佑丞幾乎沒有猶豫，就向老闆提辭職。老闆這時才為自己的行為感到後悔，也極力挽留佑丞，大意是不想失去他這個人才，並答應只要他肯留下，一定為他加薪。而佑丞則認為，即便現在同意留下，雙方已經有了隔閡，以後一定會不斷發生摩擦。所以最後佑丞還是拒絕了老闆的挽留，毅然辭了職。

為什麼不能這麼說？

拒絕為員工加薪的方法有很多種，而故意先刁難員工再拒絕對方，實在不是上策。

員工提出加薪，自然是出於自己利益的考慮，當然其中有過分和不過分、有能滿足和不能滿足之別。此時，如果老闆忽略員工的感受，直接拒絕，將會承受有可能失去這個員工的風險。因此，員工的加薪要求不管最終是否批准，老闆都應

就加薪申請回饋給員工並與其充分溝通，了解加薪的原因並予以適當的安慰。在案例中，佑丞提出加薪要求時，理由不過是他在公司工作多年所取得的成績與薪水不對等，而非無力償還房貸。這就說明，佑丞能公私分明，知道把業績當成加薪的籌碼，這是合理也是正當的。如果這時老闆能加以詢問，找到問題的癥結所在之後，如果願意幫他加薪，就作進一步的溝通和協商；如果不願意幫他加薪，首先要肯定佑丞請求加薪中的客觀部分，其次明確地告訴他某些方面還有所缺陷，需要不斷努力並向他解釋清楚你做出這一決定的原因。此外，老闆還應該站在對方的角度，誠懇地為他提出未來職業規劃的建議，從而弱化他對薪酬的注意力。

而案例中的老闆最大失誤就是故意安排給佑丞在短期內不可能完成的任務，讓最終沒能完成任務的佑丞無法再提出加薪的要求。最後，老闆雖然達到了拒絕為佑丞加薪的目的，但其做法顯然不是正人君子所為。也正是如此，失望佑丞的才會毫不猶豫地選擇跳槽。

所以身為老闆，即使有正當的理由拒絕員工的加薪要求時，也要注意自己的溝通方式，避免在拒絕員工的要求事說出傷害員工的話，導致極端事情發生。

那我應該怎麼說？

你可以這樣對員工說：「公司給每位員工薪資都是與其能

力相匹配的，這是很公平的。你在技術上雖然很優秀，但缺乏團隊協作的能力，只適合一個人戰鬥，所以你如果能改變這一點，我自然會給你加薪。」

　　面對員工加薪的要求，你最好與他進行一次長談，從客觀的角度從發，提出有針對性、合理的拒絕加薪的理由，讓員工明白你並非是獨裁者，而是事出有因，相信員工在了解你是出於為他著想之後，一定會理解和諒解你的。

FIFTY SHADES OF SPOILED BOSS

第四章
標準模糊，兌現不明

員工的第 16 道陰影：
好好工作，公司不會虧待優秀員工的

　　隨著汽車行業的激烈競爭趨於白熱化，身為某品牌汽車代理銷售商的徐總深知「要想讓公司脫穎而出，必須提高競爭力」。所以，他決定培養一支菁英銷售團隊。

　　經過精心挑選，徐總從業務部挑出三個業務員作為培養對象。為了盡快提升他們的業務能力，徐總將送他們三個人去海外進修。臨行前，徐總特意設宴為他們踐行。

　　酒過三巡，徐總紅光滿面地對三位員工說：「公司不惜花費重金培養你們，目的就是讓你們成為公司的中流砥柱，多為公司貢獻。你們還年輕，只要好好工作，公司不會虧待優秀員工的。」三位業務員一聽，都感到自己遇到了伯樂老闆，心懷感激的同時，都暗下決心此番出國一定要努力學習，盡快提升自己的能力，回來後以好的業績回報徐總。

　　半年的進修結束後，他們三人馬上歸國並迅速投入工作中。在接下來的一個月，他們將海外學到的知識全部運用到了工作當中，都獲得了不錯的業績。對於他們的表現，徐總都看在眼裡。月底時，徐總又設宴為他們慶功。宴席上，徐總興致十分高昂，頻頻舉杯對大家說：「你們好好工作，公司不會虧待優秀員工的！」在接下來的幾個月，徐總除了安排他們參加

一些研習班外，還親自帶領大家出國旅遊了一個星期，這讓公司其他員工羨慕不已。

然而，在這期間不論培訓還是出國旅遊，三人之中的奕廷卻總是一副悶悶不樂的表情，好像什麼事物都難以激發他的熱情，業績也是一落千丈。奕廷這種態度讓徐總十分納悶，他以為奕廷是工作壓力太大，便準備給奕廷放幾天假，讓他好好休息一番。可是奕廷卻婉言謝絕了。這讓徐總更是不解，仔細追問之下，奕廷才支支吾吾地說：「上次您送我們出國進修前，說不會虧待優秀員工。可是，我現在做出的成績遠遠超過了他們兩位，但我到頭來卻什麼也沒得到。」

一聽這話，徐總有些不高興說：「你竟然說你自己什麼也沒得到！為了培養你們，你知道我花了多少錢嗎？為了讓你們放鬆，我還特意帶你們出國旅遊，這難道不是你得到的福利嗎？還有最近見你工作狀態不好，還準備准你幾天假，這難道不是對你好嗎？」

奕廷小心翼翼地說：「可這些福利不是我想要的啊，我真正需要的是多拿一些獎金。」

「真是人心不足蛇吞象！」徐總突然拍著桌子怒吼道：「我沒想到你竟然這麼貪婪！」見徐總突然發怒，奕廷連忙說：「請您聽我的解釋，我不是那樣的人！」

「我不要聽你的解釋！為什麼他倆懂得知足，而你就知道

一味拿獎金？請你馬上離開！」

談話不歡而散。奕廷倍感委屈，覺得徐總不給解釋的機會就把他趕了出來，實在不近人情。原來，奕廷家境不好，不僅要奉養年邁的父母，還有一個還在上學的妹妹需要他補貼。相比另外兩個家境不錯又沒有任何負擔的同事，他寧可不要公司提供的外出旅遊等福利，只想要多拿一些獎金。而現在事情鬧到這種地步，奕廷覺得徐總一定把自己看成忘恩負義的人，再待下去，必然會遭受冷遇，於是他便果斷辭職了。

為什麼不能這麼說？

對優秀員工承諾的「不虧待」的標準如果十分模糊，會讓員工在理解上產生歧義，最終耽誤工作。

相信我們都知道一個常識：牛餓的時候，餵牠草，牠會狼吞虎嚥並充滿感激；而當老虎餓了時，應該給牠吃肉，而不是餵牠草。如果你給牛吃肉，把草給老虎吃，牠們都不會買你的單。同樣的道理，如果老闆把獎勵員工的許諾說得模稜兩可，那麼到兌現時，老闆的獎勵極有可能會不符合員工的真實需求，這樣一來，員工自然不會領情。

案例中的徐總就是犯了這樣的錯誤，他許諾的「不虧待」標準是為員工提供進修機會以及取得成績後的旅遊等福利。當然，這對於家境較好的另外兩位同事無所謂，但對於奕廷來

說，他真正的需求是更多的獎金以用來補貼家用。徐總的出發點雖然正確，但只是一廂情願地按照自己想法予以員工獎勵，卻忽略了員工的真正需求。結果心思沒少費，錢也沒少花，可是卻沒有取得應有的效果。

由此可見，老闆在提出獎勵方案時，一定要因人而異、靈活多樣，要根據不同員工的需求來決定。獎勵標準要適應不同年齡、不同愛好、不同部門、不同職務的人們的需求和追求，這是加強員工積極性的有效途徑。

那我應該怎麼說？

你可以這樣對員工說：「公司以後對你們會增加培訓機會，這會對你們將來的職業生涯大有好處，同時也是一筆財富。此外，公司還會給你們提供各種福利，比如旅遊、禮品、聚餐等，但這其中並不包括獎金。」

不論給員工什麼方式的獎勵，你必須把獎勵的標準說清楚，讓員工覺得努力之後得到了應該得到的獎勵，而不是認為你沒有兌現當初的許諾。而對於需要金錢作為獎勵的員工，你大可以折衷一下，將物質折算成金錢作為獎勵也未嘗不可。

員工的第 17 道陰影：
只要完成目標，年底我會分紅給大家

　　李老闆是一家家族企業的繼承人，經過父執輩十幾年的辛苦經營，到他接手時，公司在業內的名聲可以說是家喻戶曉。

　　然而，好景不長，公司在李老闆的帶領下，雖然有了進一步的發展，但這個巔峰期過後，企業開始停滯不前。經過反思和總結的李老闆認為企業遇到成長天花板的最大原因就是缺乏新血。目前公司多數員工都是父輩時的老部下了，而其中有多數人不論從學識還是頭腦都跟不上公司的發展腳步了。也正是因為如此，公司流失掉了一部分老客戶。李老闆深知，如果不及時引入新血，公司的發展狀態將會一日不如一日，甚至有倒閉的危機，他不想看到父輩辛苦經營了一輩子的公司毀於一旦。所以，他開始籌劃招聘新員工的事宜。

　　由於公司在業內頗具名氣，所以招聘資訊剛發出，應聘者立刻蜂擁而至。通過層層篩選，公司很快就招入了一批優秀的新員工。

　　在歡迎新員工的儀式上，李老闆發表了一番慷慨激昂的演講。最後，他宣布了一個重大決定：「你們都是年輕人，富有熱情和創造力，所以我制定了今年的目標，只要完成目標，年底我會分紅給大家。」

此語一出，整個會場頓時像菜市場一樣，大家議論紛紛。參加歡迎新員工大會的老員工對此極度不滿。身為公司的老員工，他們認為自己為公司出汗出力十幾年，從來沒有享受過分紅的福利，現在倒好，新員工剛來，毫無寸土之功，就能享受分紅，這分明是老闆完全忘記了他們！更令他們氣憤的是，在此之前，他們根本沒有聽到李老闆提過關於分紅的隻言片語，這完全是將他們視為外人！

　　而李老闆之所以這麼做，自然有他的道理。首先，公司現在壯大了，雖然絕大部分老員工依然十分努力，但也有一小部分老員工倚老賣老，還常常挑公司的問題。公司是需要發展的，李老闆是絕對不允許有這樣的員工存在。所以，李老闆想藉此機會，讓那些不努力的老員工心理產生不平衡，從而主動離開公司。其次，分紅制度屬於公司首創，這能激起新員工的鬥志，為公司做出貢獻。

　　果然，有的老員工馬上跳出來抗議：「我們這些老員工在公司工作了十多年，沒有功勞也有苦勞吧？除了拿到憑藉努力賺的錢之外，我們從來沒有其他任何福利，而現在這些新員工剛來，就有分紅的福利，這對我們太不公平了！」

　　對於老員工的反映，都在李老闆的意料之中，他不急不徐地說：「公司為新員工制定分紅制度，只是為了讓他們更有幹勁。對於老員工，公司也不會忘記，尤其是針對勤勤懇懇的老

員工，公司會陸續制定獎勵政策。」李老闆將「勤勤懇懇」四個字說得很重。在他看來，非常時期必須採用非常手段，否則前怕狼後怕虎，永遠難成大事。

對於李老闆的回答，老員工雖然不服，但也無可辯駁，只能勉強接受了他的分紅制度。

在接下來的工作中，新員工果然幹勁十足，新創意、新想法層出不窮，人人各司其職，公司一片忙碌繁榮之景。李老闆對此十分滿意，經常鼓勵新員工，並多次重申年底的利益。

到年底時，新員工不僅完成了公司制定的目標，而且還略有超額。李老闆馬上兌現承諾，為新員工分紅。新員工高額的分紅讓老員工分外眼紅，幾個不安分的老員工幾次暗示李老闆別忘記當初要給老員工獎勵的許諾，但李老闆不置可否，始終不見有所行動。其實，他的最終目的是想讓一些不努力的老員工心生失望，從而主動出局。

而那些自恃有功的幾位老員工也慢慢揣摩出了李老闆的深意，深感委屈的同時決定報復李老闆。他們以「老闆對老員工不公」為由，到處遊說那些努力的老員工，最後成功拉著幾十位老員工一起辭職。

老員工的集體辭職是李老闆沒有料到的。他們走的同時，也帶走了公司不少老客戶，這讓原本就不斷流失老客戶的公司又陷入了新的危機。

為什麼不能這麼說？

既然對新員工和老員工許下不同的獎勵標準就都應該兌現，只兌現一方而故意不兌現另一方，老員工會產生心裡不平衡，最終雖然達到了讓不努力的老員工出局的目的，但付出的代價也很大，是得不償失之舉。

案例中的李老闆，面對公司的困境，力排眾議，針對新員工果斷實行了分紅制度，最終使公司突破了發展瓶頸。從這一點來說，李老闆是成功的。但實際上，李老闆十分厭惡倚老賣老又不努力的老員工，但同時又想依靠努力的老員工來維持住老客戶，所以，他想依靠分紅制度讓不努力的老員工心裡產生不平衡，從而離開公司，實現徹底肅清公司氣氛的目的。

儘管李老闆最初在老員工與新員工兩個群體之間找到了平衡點，但最後卻因給新員工發放紅利卻沒有兌現當初給老員工的獎勵承諾而功虧一簣。要知道，當初不管是努力還是不努力的老員工之所以勉強同意新員工可以得到分紅的福利，是因為李老闆許諾對老員工會有不同獎勵的緣故。所以，年底新員工在得到可觀分紅後，老員工自然會要求李老闆實現他的承諾，而李老闆則為了讓不努力的老員工出局，遲遲不肯兌現諾言。這樣一來，就引起了所有老員工的不滿，最後紛紛辭職，結果讓公司造成了更大的損失。

造成最後兩敗俱傷的結局，李老闆有不可推卸的責任。當

初，李老闆錯誤的把著眼點都放在了公司內部一些不太努力的老員工身上，而按照公司當時的處境，李老闆最應該動員全體員工，同仇敵愾，一致對外，確保公司突破困境，這才是顧全大局的明智做法。

那我應該怎麼說？

你可以這樣對老員工說：「諸位手中的老客戶不斷流失，迫使我不得不作出新的獎勵制度。而為新員工分紅，是為了讓他們拓展新業務、發展新客戶，這也是公司發展大勢所趨。如果不這麼做，將來有一天公司徹底陷入困境，我們該何去何從？所以，為了保住公司，我們千萬不能懈怠，一定要把手中的老客戶維持住，公司也會針對諸位的成績予以一定的獎勵。」

首先你要告訴老員工，你之所以針對新員工做出分紅的決定，是因為老員工的工作不力造成客戶流失，所以你必須依靠新員工來發展新客戶。其次，要讓他們知道這樣懈怠下去的惡果，告誡他們必須努力才能避免公司走向衰敗。而此時，最不應該做的就是追究那些不努力的老員工的責任，要從大局從發，包容、鼓勵他們並承諾做出成績之後，同樣會有獎勵。這樣一來，讓他們知道自己的工作失誤的同時，也不會對分紅制度產生不滿，相反他們還會感激的你的寬容大度。

你可以這樣對新員工說：「目前公司發展狀態良好，老員

工負責維持老客戶，而你們的任務就是負責開發新業務和發展新客戶。」

你千萬不能把公司老客戶不斷流失以及公司的諸多難題告訴新員工，否則，他們會擔心公司的營運能力，甚至會懷疑你的分紅獎勵是否能夠如期兌現。也只有不把這些告訴新員工，他們才會認為公司未來的前途是光明的，也才願意為拿到分紅而努力。

▍員工的第 18 道陰影：
　只要做出成績，就發獎金給大家

趙老闆最近收購了一家中型機械製造公司。這家公司由於經營不善，連年虧損，原來的老闆年齡大了，商業思維固化加之精力不濟，自知再無回天之力，與其看著公司倒閉，還不如忍痛割愛，讓有能力的人來經營，省得落個破產的結果。

趙老闆年近不惑，手裡掌管著另一家機械銷售公司，生意做得風生水起。自從接手這家新公司後，趙老闆首先對公司進行了改革，並利用自己手中一切資源為公司拉客戶。經過找老闆一番大刀闊斧的改革後，公司很快就開始起死回生並實現了盈利。

公司走上正軌不久後，趙老闆又發現員工的工作積極性不高，公司的氣氛一點也不活躍。為了改變這種情況，趙老闆思來想去，認為員工可能沒有更多的獎勵刺激，所以才會如此。想到這些，趙老闆花了幾天時間想出一套激勵員工的辦法。

在接下來的員工大會上，趙老闆先是用極富煽動性的演講展望了公司以及整個機械製造行業光明的發展前景，使員工受到了極大的震撼，人人都充滿期待地看著他。趙老闆見大家的情緒被自己激發了出來，心中暗喜，然後鄭重地承諾：「公司以後的發展就要仰仗諸位了，只要做出成績，就發獎金給大家。」鑑於公司原來死板的獎金制度，趙老闆真心誠意地想用高額的獎金來刺激一下員工的工作態度。有很多員工當場對老闆許諾的高額獎金表現出萬分欣喜的表情，這讓趙老闆自信地認為自己目的已經達到了，員工們的積極性一定會空前高漲，公司的業績也會不斷地成長。

然而，令人始料未及的是，幾個月之後，趙老闆已經準備好的獎金竟然有發不出的可能。這幾個月以來，全公司竟然沒有一個表現突出的員工，而公司的業績和生產依舊原地踏步。為此，趙老闆感到大惑不解：難道這個世界上還有不願意拿獎金的員工嗎？那他們工作是為了什麼？儘管趙老闆在企業管理、經營方面有相當豐富的經驗，可這種情況他還是第一次遇到。

怎麼辦？趙老闆決定親臨現場，看看自己的獎金計畫在這裡受到了什麼阻礙。從業務部門到生產部門，他都一一考察和確認。在與實際負責人充分交流意見後，趙老闆終於找到了問題的癥結所在 —— 原來，趙老闆新公司生產的都是大型機械，這類機械應用範圍狹窄，而且價格高昂，只有一些大型礦類企業才會購買，屬於「三年不開張，開張吃三年」的業務。而且由於機械產品價格高昂而且客戶較少，所以公司只能與客戶簽訂合約之後，才能開始生產符合對方需求的機械產品。另外，從產品的生產到組裝再到出廠的整個流程，必須由生產和銷售兩個部門必須配合，按部就班地走完每項流程，這是公司的硬性規定；而走完這套流程少則需要半年多則需要一年時間。由此，趙老闆提出的獎金制度就會把兌現的時間拖長，時間一長，也就失去了對員工的吸引力。

所以，員工們依舊像往常一樣按部就班的工作，沒有工作熱情，本來有些能提前一個月完成的專案，也要拖到規定期限才交付客戶。雖然表面上對公司沒有造成什麼大的影響，但實際上其中浪費的時間足夠再完成幾個專案了。

對此，管理經驗豐富的趙老闆也犯了錯，一時不知道該怎麼辦才好。

為什麼不能這麼說？

老闆兌現獎勵的期限越長，越會模糊獎金制度的吸引力。

對於員工來說，雖然老闆不是在開空頭支票，但長期的等待會消磨他們的工作積極性。

現代企業很多老闆認為「想提高員工的工作積極性，金錢是刺激他們最有效的、最明確的辦法」。這想法固然有道理，但值得注意的是，這種方法並非處處實用，還要視具體情況區別使用。案例中的趙老闆同樣是用了這種最直接的獎勵辦法，但效果卻差強人意，原因何在？這是因為趙老闆的公司實際情況是，專案完成的週期較長，與之對應的是，兌現獎勵的週期與專案完成的時間同樣長，這樣一來，期間對員工的刺激就成了真空。員工恰恰需要在較短的時間內得到鼓勵以及獎勵的刺激，這樣就能避免他們產生懈怠和不良情緒。所以，當趙老闆把高額獎金的許諾定在專案完成後才予以兌現，而員工在初次聽到這個消息表現得很興奮，這就說明趙老闆的出發點是正確的。但在實際中，工作方面的壓力在慢慢抵消當初老闆的許諾帶來的興奮和熱情之後，員工便又會回到了往日按部就班的工作狀態。由此一來，趙老闆的許諾會變得越來越模糊，最後徹底失去激勵作用。

所以，很多時候，高額獎金的兌現週期越長越難取得效果。所以，如果趙老闆能把長期獎勵改為短期獎勵，不以整個專案的完成為週期，而是將員工的考核進行細化，每個月進行一次考評，對於表現優異者予以表揚和獎勵。這樣一來，為了得到公司每個月的表揚和獎勵的機會，員工們必然會加倍努

力工作。如此一來，員工的工作熱情和執行能力得到提升的同時，也會縮短公司專案完成的時間。

那我應該怎麼說？

你可以這樣對員工說：「在專案完成期間，我每個月會對大家的工作進行考評，對於表現較好者予以通報表揚和獎勵。對於自願加班的員工，公司除了付給加班費之外，還在每個季度增加其一次三天的休假機會，時間自己安排。此外，公司每個月還會帶著大家外出郊遊或者聚餐。」

從專案開始的到完成的整個週期，你在每個月、每個季度都安排了各種獎勵，這種獎勵會讓員工們應接不暇：有的員工為了得到獨自休假的機會，可能會選擇加班，而加班又能得到加班費，他需要做的就是盡快完成當前的工作；有的員工愛出風頭，努力工作以得到公司的表揚，同時還能得到獎勵，何樂而不為呢？

與週期長的高額獎金制度相比，這種種面面俱到的獎勵絕對不會花費太多，這樣既能為公司節省開支，還能有效地激勵員工，可謂雙贏之舉。

員工的第 19 道陰影：
要向優秀員工學習

　　陳老闆自主創業整整五個年頭了，當初名不見經傳的小公司現在已是業內頗具規模的企業了。

　　創業初期的幾年中，陳老闆為了鼓勵員工，幾乎每個月都會發獎金給表現優秀的員工。公司員工少的時候，陳老闆覺得一年給員工的獎金也不算多。但是，隨著公司不斷壯大、員工不斷增加，陳老闆發現獎金已經成為公司一筆不小的開支。

　　陳老闆有意減少對員工的獎金的同時，又擔心已經習慣了領獎金的員工們，會因收入達不到心中預期的數目而心懷不滿。要是因為這些影響到公司的業績，那就是得不償失之舉了。

　　然而，每到月底給員工支付大量獎金時，陳老闆雖然曾不只一次想，發獎金是為了激勵員工們更努力工作，他們後期創造的利潤要遠遠高於支付給他們獎金。儘管如此安慰自己，陳老闆還是有些心疼，心想一定要找到既能降低公司成本又不傷害員工的兩全其美的辦法。

　　一次偶然的機會，陳老闆在一本商業雜誌上看到了一家公司的獎罰制度，這給了他很大的啟發。很快，陳老闆就制定了一個激勵員工的新方案：將每月發獎金時間改為一個季度，每

個季度表現優秀的員工除了可以得到獎金外，還予以表揚。這樣一來，優秀員工的收入雖然減少了，但能得到公司的認可以及榮譽，這會抵消對獎金不足的不滿。這樣降低了公司支出的同時也為其他員工樹立了學習榜樣，鼓勵他們爭取這樣的榮譽。

公司很快設立了「年度最佳業務員」、「年度最佳主管」等名目繁多的獎項。只是公司每個月的考核越來越嚴格，到每個季度結束的時候，能夠順利通過考核的員工屈指可數。對於公司制度的改變，有的員工提出了抗議，但公司始終未答覆。

一個季度結束後，陳老闆在首次評獎大會上說：「我知道，公司的考核制度嚴格了，你們當中有的人無法拿到獎金，但是，大家要多站在公司的角度考慮事情，不要太看重個人得失。事實上，對於優秀員工的表現，公司都是看在眼裡的。公司是公平的，現在大家也看到了，能拿獎的永遠是優秀員工！所以，大家要向優秀員工學習！」

話雖然這麼說，但陳老闆擔心幾個業績好的員工評選不上優秀員工從而產生失落的情緒，所以半年之後的第二次評選中，在陳老闆的授意下，幾個業績好的員工評選上了優秀員工並得到了相應的獎金。

然而，在以後的評選中，陳老闆又顧忌到業績不太出色但表現較好的員工會因無法評選上而導致積極性受挫。所以，為

了照顧到所有員工的情緒，每次評選陳老闆都會干涉並指定人選。

時間一長，員工們發現公司評選優秀員工是多此一舉，因為這種獎勵制度是輪流做莊，根本沒有公平性可言。至於如何才能獲獎、如何才算優秀，不論是從評獎的結果，還是從公司的規章制度當中，根本沒有明確的解答。

為什麼不能這麼說？

評選優秀員工不僅沒有標準，而且老闆還干涉其中，那麼這種獎勵制度則根本沒有激勵員工的作用。

評選優秀員工，樹立幾個榜樣，這樣的做法雖然有一定道理，但是這類榮譽的做法有諸多弊端，不值得太倚重。因為評選優秀員工一般都有名額限制，而且名額總是固定的，這樣一來，在評選過程中，不論有沒有人達到評選標準或者有多少人達到了標準，最後只能按照既定的名額選出幾個人來。案例中的陳老闆正是出於既定的名額會讓有些員工永遠達不到評選標準的考慮，所以出面干涉，希望能夠照顧到所有員工的情緒。這樣一來，就讓原本沒有標準的評選失去了公平性，形成「優秀輪流做，明年到你家」的無用制度。

另外，因為評選週期較長，這樣會讓員工失去等待的耐心，被評上優秀的員工固然高興，但因為這種優秀是大家輪流

來做，所以很快就會恢復常態。因此，只有確保薪資、考核制度合理的前提下，實施評選優秀員工的制度才能發揮其應有的作用。

那我應該怎麼說？

你可以這樣對員工說：「公司舉辦優秀員工的評選活動的目的是為大家樹立一個學習榜樣，每次評選結束後，我會讓獲得優秀員工的同事跟大家分享其工作經驗和心得體會。另外，我還會公布一項嚴格的考核制度。儘管制度嚴格，但如果諸位能夠憑本事入選則是無上的榮譽。」

首先，你告訴員工舉辦評選優秀員工活動的終極目的是讓獲得優秀員工向大家彙報工作心得，這會讓所有員工都會留心累積在工作中的經驗，無形之中就提高了員工的工作積極性。其次，你公布的嚴格考核制度說明這項評選活動的公正性，員工們同樣會為了能獲得這項榮譽而努力工作。

員工的第 20 道陰影：
具體工作內容你自己決定

卓延是一名編輯，文筆扎實、善於寫實，經她寫過的人物

無不栩栩如生且又符合其真實性格。她曾任職於一家男性雜誌，但工作沒幾個月，就被老闆炒了魷魚……

事情還要從半年前說起。王政哲是卓延的老闆，他是一位風險投資人，曾投資了幾家不同領域的公司並大獲成功。手裡有了錢的王政哲有意嘗試自己開公司。喜歡閱讀的他經過再三考察，決定開辦一家男性雜誌社。

因手裡資金充裕，前期公司選址、裝潢等工作很快就完成了。在招聘員工方面，因雜誌社開出薪資待遇相當優渥，很快就吸引了一大批應聘者。同樣，這條招聘資訊也引起了卓延的注意。

不過在面試交談中，卓延發現了王老闆的一些缺陷：由於他以前從未接觸過雜誌，所以對雜誌的定位十分模糊，而且細節方面完全沒有經驗。卓延擔心這會造成她日後工作困難。儘管如此，卓延還是認為工作就是解決困難的，如果現在就打退堂鼓，真是顯得太怯懦了。

王老闆對卓延的第一印象非常好，認為她不僅很有才華還有幹勁，值得任用，所以，卓延很快就被錄取了。

在接下來的具體工作中，卓延擔心的事情還是發生了。由於對雜誌的定位仍然處於摸索階段，所以王老闆對員工的要求就十分模糊，並且還常常朝令夕改。這就導致每期雜誌的風格都無法統一。

在一次分配工作時，王老闆拿出一本同類的雜誌，對卓延說：「妳先看看這本雜誌，我這期想做的就是這個。」

　　卓延接過雜誌，仔細翻了一遍，也沒能找到老闆的「這個」具體針對哪方面的內容。為了防止具體執行中出現偏差，她詢問老闆具體的意見。

　　王老闆想了一下，就開始了長篇大論，但直到最後，卓延還是沒能明白老闆的要求。再要加以詢問時，老闆卻不耐煩地揮手打斷她說：「妳手裡不是有同類雜誌嗎？先模仿它的風格，具體工作妳自己決定吧！」

　　王老闆的回答讓卓延大傷腦筋，她仔細揣摩老闆的意圖之後，決定按照自己理解的方式做這期雜誌。

　　可是等雜誌做好以後，王老闆卻大為不滿。不論封面還是紙張，他都毫不留情進行了批評，甚至對雜誌內容也開始挑剔。一向以文字為傲的卓延實在難以忍受老闆如此刻薄，便忍不住辯駁說：「你當初就沒把工作具體要求說清楚，我辛辛苦苦做出的雜誌，你不滿意了又把責任怪在我頭上，這簡直沒有道理！」

　　王老闆還從來沒有被人這麼頂撞過，他當場就發飆了：「雜誌沒做成我想要的，就是妳沒用！我看以妳的能力是無法勝任這份工作的，妳還是另謀高就吧！」卓延就這樣被辭退了。

　　不過，卓延的離去也沒有給王老闆帶來什麼轉變，在分配

工作時，他的要求依然沒有什麼標準，而員工的工作自然無法滿足他的要求。雜誌社的員工每天幾乎都在批評中度過，所以只要有好的去處，員工們便紛紛離職，到最後離職竟然成了該雜誌社的一種風氣。

為什麼不能這麼說？

沒有明確的工作要求，員工不僅難以做好工作，甚至會失誤。

很多公司都會經常出現這樣的問題：老闆分配工作任務時沒有明確的要求，結果員工在執行上出了問題，老闆發現結果不是自己想像的那樣，於是就開始懷疑員工的工作能力，而員工則認為當初老闆沒說清楚工作要求，結果互相埋怨，推卸責任，甚至產生矛盾。出現這種情況的關鍵原因是老闆自認為員工會理解他的想法，員工雖然試圖在工作中盡量迎合老闆的意圖，但最終還是會因為理解上的偏差而導致出現問題。過去船在海上航行時，船長會發出指令：「左滿舵。」輪機手回答：「滿左舵。」輪機手並不是簡單重複船長的指令，而是從另一個角度來表達自己的理解。

所以，身為老闆在分配工作時，首先要對員工講明要達到的效果是什麼、有哪些標準、如何衡量。為了了解員工是否明白你的意圖，老闆可以讓員工複述他所了解的情況，讓員工有機會提出問題；工作進行過程中也允許員工在報告進度時進行

提問，以解決疑難問題、觀察進度並提供必要的協助。

那我應該怎麼說？

你可以這樣對員工說：「關於這期雜誌的具體標準和要求，我已經寄郵件給你了。你看過之後，總結出你的具體實施方案，然後當面向我報告。」

當你向員工講明你對工作的具體要求和標準後，不要以為萬事大吉了。因為人與人有性格、學識、素養等多方面的差異，不同人會對同一種事物有著不同的理解。儘管你的要求已經面面俱到，十分詳盡，但為了防止員工在執行上與你期望的結果產生偏差，你大可讓員工向你報告如何實施的具體方案。如有必要，你還可以要求員工做簡單的示範，以確保員工準確無誤理解你的要求。

FIFTY SHADES OF
SPOILED
BOSS

第五章
激勵不當，作用甚微

員工的第 21 道陰影： 我只提拔有能力的人

柳老闆的公司草創之初，由於公司人員少，柳老闆身兼數職，公司財務、人事、業務等都由他一人負責。後來，隨著公司業務不斷拓展，員工也逐漸多了起來，柳老闆覺得有必要找幾個得力的人來輔助自己打理公司。於是，根據公司的現狀，柳老闆分設了幾個部門，任命幾位工作經驗豐富的老員工擔任各個部門經理。柳老闆大家說：「公司現在還沒有設立副總，是因為我覺得對副總的候選人還需要作進一步的考核。你們都是副總的候選人，但是要想坐上這個位置可不是那麼容易，因為，我只提拔有能力的人。」

其實，幾個部門的經理中，要數業務部經理伯源整體能力最強，在柳老闆眼裡伯源也是副總的最佳人選。但柳老闆並不急於提拔伯源，他擔心如果伯源升遷太快容易變得浮躁，所以，他必須一步一個腳印往前走，在磨礪得差不多得時候，升遷也就水到渠成了。另外，柳老闆也想借升遷之機激發大家的競爭。

果然，在接下來的工作中，大家都卯足了勁，十分努力地工作，都希望自己有機會得登上副總的寶座。伯源在得到柳老闆私下的暗示後，更認為自己是副總的不二人選，所以，他工

作比任何人都拚命。

由於公司的業務處於上升階段，有的市場和通路還沒有完全打開，伯源抓住這個機會，不僅成功打開了市場，而且還和許多老客戶達成了合作。僅僅過了半年時間，公司的業績就得到了迅速成長。柳老闆本想等到年底再提拔伯源為副總，然而，鑑於伯源為公司在短時間內作出這麼多貢獻，柳老闆就提前任命他為副總。

對於伯源，柳老闆滿意的同時也為自己激勵的辦法暗喜不已。於是，他決定在以後的工作中，依然如法炮製，必能取得更好的效果。

在伯源升遷後的第一天，柳老闆就找他談話：「你憑自己的努力和業績當上了副總，是實至名歸。但是，我要提醒你的是，你千萬不能得意忘形，一定要將現在的工作狀態保持下去。如果有一天別人超越了你，我會用他來替代你的位置。因為，我只提拔有能力的人。」伯源聽後，誠惶誠恐地說：「請放心，我一定會用努力證明自己的。」柳老闆對這次談話的效果非常滿意，認為自己再一次激勵了伯源。

事實上，伯源也沒有違背對老闆的承諾。在日後的工作中，伯源不只是努力，簡直就是拚命！在拓展新用戶的同時，伯源也沒有忘記老客戶。每個月他都會抽出時間去拜訪老客戶，即使不談生意，他也會與對方喝茶聊天，於是彼此很快就

成了朋友。

　　伯源知道柳老闆是說一不二的人，自從當上副總後，他一直擔心別人會超越他，所以不論自己的工作有多忙，任務有多少，他寧願自己加班做完，也不願意別人幫忙。對於公司的員工，尤其是業務部的員工，只要稍微稍微有點過錯，他動輒大罵甚至還要處罰。伯源試圖透過這種方式來樹立副總的權威。此外，伯源對業務部的員工頤指氣使，凡是公司的大客戶，一概不准他們接觸，還想方設法用公司的制度來限制他們。

　　時間一長，員工們被伯源這種獨裁的管理方式搞得身心俱疲，其中有幾個老員工實在不堪忍受，便紛紛遞交了辭呈。在臨走前，一位員工還特意寫給柳老闆一封電子郵件。在郵件中，他指出如果不及時遏制這種情況，公司將會毀在伯源手中。

　　隨著老員工不斷流失，公司的業績一落千丈，柳老闆終於意識到了問題的嚴重性，他很想馬上解僱伯源，但又考慮到他手裡握著公司全部客戶資源，不能馬上與他翻臉，只能忍耐，勉強維持公司運轉。柳老闆明知如果不盡快解決這個問題，以後會更加無法約束伯源了，但明白歸明白，他卻一時想不到解決的辦法。

為什麼不能這麼說？

老闆隨時從下面提拔有能力的人來替代已經坐上高位的人，在形成激勵的同時，也讓其感覺自己受到了威脅，會透過各種不同手段來穩固自己地位，這會給公司帶來負面影響。

在現代企業中，管理者一般是由優秀的且能與老闆的價值觀保持一致的人來擔任。即便如此，老闆與管理者依然會在日常工作中造成分歧，所以雙方都需要相當長的一段時間進行磨合，直到互相完全熟悉對方的脾氣秉性、做事風格以及優缺點，這樣才能避免在因工作問題爭吵後產生隔閡和怨恨，因為雙方都知道，這是工作上面的事情，再激烈的言辭也不過是就事論事。也只有這樣做，彼此才能形成互補，揚長避短，有利於公司的發展。

所以，優秀的老闆在決定任命某人擔任管理者時，一定是經過深思熟慮的，除非遇到特殊情況，否則一般不會輕易換掉他。因為老闆明白，頻繁更換管理者，就意味著必須重新與現任管理者進行磨合，除去花費的時間不說，最糟糕的結果就是最後突然發現現任管理者不適合公司的管理。所以，優秀的老闆一旦找到的適合公司的管理者後，一般會考慮進一步提升他的管理能力。

案例中的柳老闆為了激勵伯源，灌輸他「我只提拔有能力的人」的觀念，這樣一來，好不容易升遷的伯源自然不願意被

別人取代，在努力工作的同時，為了防止後來者來取代自己，他採用了各種手段來打壓員工，為的就是徹底堵塞後來者的升遷管道，以達到鞏固自己地位的目的。柳老闆激勵伯源的目的雖然達到了，但最後卻使公司陷入了混亂，顯然是捨本逐末之舉。

由此可見，「只提拔有能力的人」式的激勵措施表面上看起來是有道理的，而事實上在短期之內，它確實有效地激勵了員工，但從長遠來看，它帶來的卻是員工之間殘酷而激烈的競爭，明槍暗箭，互相攻擊，結果遭受損失的還是公司。

那我應該怎麼說？

你可以這樣對員工說：「我之所以提拔你為副總，不僅看重的是你的能力，還有你的人品和素養。所以，我希望你在這個位置上能一直配合公司的發展，我們一起努力完成公司今年的目標。」

首先，你要告訴員工提拔他的原因所在，給他足夠的肯定和鼓勵，讓他感受到你足夠的信任。其次，用「完成公司今年的目標」這樣有時間限制的目標不僅能形成有效激勵，而且也會讓員工沒有隨時被替換掉的後顧之憂，從而能全身心投入到工作當中。

員工的第 22 道陰影：
你的技術一流，一定能完成這件事情

「小李呀，忙嗎？」某公司老闆笑呵呵地跟技術部的工程師李志文打招呼：「公司需要你出馬解決難題了！我們的新客戶對室外超高亮度顯示器非常感興趣。但問題是，他們的控制室與顯示螢幕之間的距離有些遠，訊號傳輸距離是個很大的問題。如果我們能在這個月底交付使用，對方願意支付高額的開發費用。當然，這項工作是有一定壓力，但你的技術是頂尖的，肯定能搞定這件事情。這項收入不論對我們部門還是公司都十分重要，你也知道，這段時間公司的銷售情況不是很理想。」

李志文一聽老闆千篇一律的讚美，不由得一陣不悅。幾個月前，老闆為了讓李志文接手一個急單，也是用「你的技術在公司沒有人能比得上，這項工作非你來完成不可」之類的虛假讚美來讓他做強人所難的工作。李志文一直認為，超出現有技術水準的業務不能接，至少要接這種特殊業務應該事先和他進行溝通。但遺憾的是，老闆往往一意孤行，從來不和他商量什麼。李志文只好實事求是說：「我不敢保證能在月底最後期限之前完工，我是說這個月底，因為沒有幾天了。要想解決訊號傳輸距離的問題，需要解決很多技術方面的難關，目前依靠我

個人能力不一定能完成。我想……」

老闆有些不悅地說：「你身為技術部的核心員工就應該拿出應有的果斷，你什麼時候說過沒問題？聽著，你要是週末加班一定能夠按時完成，到時候我會發獎金給你。」

「這就不是錢的事情，我現在根本無法計算出完成這項工作的具體時間。所以……」李志文解釋說。

「所以什麼？我說你是怎麼回事？」老闆不耐煩地打斷了他，「我現在不想聽你說什麼所以，你現在主要把工作完成才是正事。行了，就先這樣吧！我還要盡快告訴客戶月底交付產品沒有問題。」李明陽還想說什麼，但老闆已經揚長而去。

為什麼不能這麼說？

不是發自內心的讚美，不僅難以對員工形成激勵，反而會引起員工的反感。

讚美能使人的自尊心、榮譽感得到滿足；能使人的價值被認可與肯定；有助於增強人的自尊心和自信心；能讓人感到愉悅和鼓舞，使被讚美者對讚美者產生親切感，可以消除隔閡，化解矛盾，克服差異，促進理解與溝通；讚美的潤滑作用還可以幫助老闆建立與員工之間的信賴感，當老闆發現員工的優點和長處並把它講出來，員工會很高興，他會覺得老闆有眼光、有氣度，知道老闆在關注他，這樣他也願意和老闆敞開心扉，

進而產生良好的互動。

雖然人人都喜歡聽讚美的話，但老闆的讚美如果不是發自內心深處，員工就不會接受這種讚美，他會懷疑老闆的動機，認為老闆的讚美是為了得利或者得某種好處。就像案例中的老闆對李明陽的讚美根本不是發自內心的，他的虛與委蛇只不過是為了讓李明陽替公司解決棘手的工作，所傳遞的溝通期待只是自己一方的，對李明陽的問題根本不關心也沒興趣。

在李明陽聽來，老闆誇大的讚美會讓他產生這樣的疑問：「我有哪麼優秀嗎？」或者「每次聽到類似的讚美，我就知道老闆是臨時需要我，而不是長期的關注」。可見，要想讓讚美激勵發揮其應有的作用，老闆在讚美員工的時候一定要掌握好分寸，既要有事實根據，真實無偽，又要恰如其分，適度自然。只有這樣，員工才覺得你的讚美是發自內心的，也會把你的讚美當作一種肯定，最後自然會十分樂意幫你分擔工作。

那我應該怎麼說？

你可以這樣對員工說：「上次處理的技術故障，一般需要半個月，而你只用一週就完成了，做得非常漂亮！那家客戶歷來很難伺候，卻刻意打電話告訴我，對你的工作十分滿意。現在有個技術難題必須由你來解決。我知道這有些難度，沒有事先和你商量，但如果你願意接受，我會延長完成期限，並在事成之後給予你一定獎勵。」

在讚美員工時要陳述具體的事實，除了結論性的用語「做得非常漂亮」、「你表現得很優秀」、「你很棒」之外，還有對具體事實的評價。因為結論只是籠統的表揚，會讓員工覺得你說的很空泛，這樣對激勵員工根本沒有什麼幫助。所以，後面陳述的事實，很具體地表達了工作的不易程度以及完美的結果，讓員工了解到你是理解他確實吃了很多苦頭，他的成功來之不易，因此這種肯定會讓他覺得所有的辛苦和努力都是值得的。這時員工往往會處於感動和激動之中，你順勢提出讓他處理急件並承諾給予一定的方便和獎勵，那麼他自然會十分樂意接受這項工作。

員工的第 23 道陰影：
你來公司不是很久，現在讓你升遷對其他人不公平

祐諭大學讀的是生物製藥系，畢業後順利進入一家集團公司，主要從事感冒藥物的研發工作。對於能夠發揮自己所常的工作，祐諭十分滿意，而且這家公司在同行業的薪資水準也比較高，因此祐諭為了盡快做出成績，經常加班努力工作。

祐諭的努力沒有白費，他研發的感冒藥不僅見效快，而且

沒有任何副作用。儘管初期的研發成本比較高，但在後續的工作中依然可以找到縮減成本的辦法。

對於祐諭的這項新研發，老闆十分滿意，對他毫不吝嗇溢美之詞。一時間，祐諭不僅整個公司都知道他這號人物，就連同行們都知道祐諭年輕有為，大家都認為祐諭前途不可限量。祐諭並未因得到老闆的讚賞和肯定就沾沾自喜，而是更努力投入到工作當中。

就這樣，祐諭不知不覺在忙碌中度過了一年。到年底時，祐諭以為按照自己為公司所做的貢獻，老闆一定會為自己升遷。然而，祐諭左等右等，就是等不到老闆來找自己談話。

祐諭雖然剛畢業不久，但按照他的職業規劃，他一定要在一年之內升遷。他認為，只有升遷才能全方位拓展和鍛鍊自己的才能。可是，自己拚命工作了一年，到頭來除了拿到一萬元年終獎金之外，升遷的希望卻成了泡影。

帶著憤懣的情緒，祐諭參加了公司辦的新年聚會。聚會中，祐諭多喝了幾杯酒，便把自己的心事告訴了一位私交甚好的老同事。那位同事聽了祐諭的話，十分同情對他說：「在我們公司想升遷簡直比登天都難！不論做什麼事情都要遵照公司的制度，不僅是升遷，就連年終獎金大家也是一樣的！你看平時大家有的人努力，有的人混日子，可是到了年底，不論平時表現如何，大家都有一萬元的年終獎金，這是公司的老規矩

了。」祐諭一聽這話，心裡十分難過，原來自己和公司的絕大部分員工沒有什麼不同，儘管自己今年獲得了這樣突出的成績，公司也並沒有因此對自己刮目相看。

對自己技術十分自信的祐諭對公司的制度十分不滿意：現在公司並不是按照員工的能力來決定其是否升遷嗎？我現在有的是幹勁和熱情，為什麼公司就不能給我這個機會，難道非要遵照公司的制度，那樣的話，我要等到什麼時候才能升遷呢？祐諭決定直接向老闆申訴。

某一天，老闆來到技術部視察，十分隨和詢問了一番員工的工作情況，又說了一番鼓勵的話，然後轉身離開了辦公室。祐諭見老闆心情不錯，覺得這個是機會，便尾隨其後然後輕聲叫住老闆，簡明扼要地表達了自己想升遷的渴望。

老闆停下腳步，有些不可思議地看著祐諭，因為一直以來還沒有員工向他提出這種要求。老闆畢竟是見過世面的人，臉上的驚訝一閃而過，馬上用一種安慰式的口吻對祐諭說：「你的研發成果我都看到了，這也證明了你確實是難得一見的人才。但是，在我看來，公司裡的每個人都是無可替代的人才，公司是十分珍惜人才的。況且，你的薪水和其他公司相同的職位比，應該不算低了呀！為什麼還想著升遷呢？」

祐諭解釋說：「我剛畢業不久，想嘗試管理方面的工作以拓展自己的能力。」他說這番話底氣十足，因為在祐諭看來，

他這項研究成果在業界是有著無法估量的價值，自己為公司創造了價值，就應該得到升遷，怎麼能和其他人同等對待呢？這未免太不公平了！

老闆看著祐諭，想了想說：「公司是不會虧待有貢獻員工的，只是想要升遷必須按照公司的規章制度來。你剛到公司不久，如果現在讓你升遷，不僅難以服眾，而且也對大家是不公平的！放心，只要好好工作，我們公司不會虧待任何員工的。」祐諭聽後，十分失望。

事後，祐諭升遷受阻的事情不脛而走，就連公司的競爭對手也得到了這個消息。早在祐諭完成首個研發專案後，對手公司就注意到了他，早有將他挖角的想法。現在好不容易等到了機會，對手公司哪肯輕易放過，他們很快找到祐諭，向他推薦了幾個能充分發揮其才華的職位。祐諭覺得自己在現在公司升遷無望，與其在這難以實現自己的願望，還不如跳槽，或許會有更好的機會。於是，他很快就辭職了。

到新公司工作後，祐諭的薪水不僅是之前的三倍，而且還成了研發部的主管。這下，祐諭比在原來公司時更加努力。沒多久，他就與他的團隊一起研發出了見效更快的感冒藥。

為什麼不能這麼說？

升遷是對公司有貢獻的員工的一種肯定，如果以類似「你

來公司不久」的理由拒絕要求升遷的員工，並以此來平衡員工之間的關係，往往是最大的不公平。

一般老闆在公司內部提拔員工之前，都會對員工的能力、經驗等方面進行多方位的考察，直到老闆覺得他能確實夠勝任某個職位，才會宣布任命。也可以說，提拔人才是一件不能馬虎的事情，因為稍有用人不當，就會無形之中給公司造成損失。

而案例中的祐諭是主動要求升遷的，拋開他是否具備一個管理者所必須具備的能力不說，光說他的這份勇氣和膽魄就值得令人鼓掌讚賞。更何況，祐諭是為公司做出貢獻之後才提出升遷的要求，這也說明他並非是不知天高地厚的，而是根據自己現有的能力想更進一步。從祐諭渴望進步的態度可以看出，他有很強的可塑性，只要用心打磨，很可能會成長為一位優秀的管理者。

面對的祐諭的要求，老闆雖然知道他的功績，卻沒有破格提拔。他的理由有兩個：一是，不能因為你破壞公司的升遷制度；二是，為了避免突然提拔讓其他員工心裡造成不平衡。

從某種意義上說，老闆的說法有一定道理，畢竟公司人員眾多，稍有不妥，便會引起各方面的不良反應。但話又說回來，如果升遷的基礎是論資排輩，就從根本上違背了一家現代企業的最基本的原則。如果老闆一味把論資排輩當作升遷的

標準，那麼久而久之，這種升遷方法將成為官僚主義橫行的助力，優秀員工得不到理想中的職位，則會對公司的制度產生不滿，這也會讓競爭對手有可乘之機。

那我應該怎麼說？

你可以這樣對員工說：「你向公司證明了你確實是個人才，公司將會把你列為後備管理者加以培養。將來有適合的位置，你就可以直接上任。」

你這麼說，一是給員工吃了一顆定心丸，讓他能夠靜下心來工作，不再朝三暮四想著跳槽，這樣就避免造成人才流失。二是，後期的全方面的培養會讓他快速成長起來，最終成為一位合格的管理者。三是，延遲他的上任時間是為了有足夠的時間來培養他，同時等到他將來上任時，就能有效緩衝其他員工心理上的不平衡。

員工的第 24 道陰影：
你再不好好表現，馬上給我走人

金老闆的公司最近來了一位名叫宥如的職員。剛來沒一個月，宥如很快就熟悉了工作並做得十分出色，為公司拉了幾筆

大訂單。對於宥如的表現，金老闆十分滿意，總覺得上天眷顧自己，能找到這麼優秀的員工。

三個月的試用期結束之後，宥如成為公司的正式員工。也就是在這個時候，金老闆卻發現宥如的缺點開始暴露，就是典型的「孫悟空式」員工。

首先，宥如上班愛遲到，儘管每次遲到只是幾分鐘，但對於公司其他準時上班的員工來說就是一種不公平。其次，宥如個性強，有很強的表現慾和控制欲，經常與同事發生摩擦，同事們雖然不太喜歡她，但都知道她是老闆器重的人，不敢得罪，所以除了工作上的事情外，大家都盡量避免和她接觸。

宥如逐漸感受到同事們對她的孤立，但她並沒有為此憂心忡忡，反而有些瞧不起大家。因為在她看來，自己的業績是公司最好的，她沒有必要也不屑和大家打好關係。

金老闆雖然看中宥如的能力，但對其平時的行為也有所不滿。為了讓她改正自身的缺點，金老闆經常找她談話。鑑於她個性強又好面子，金老闆每次和她談話都十分委婉，甚至有點像閒聊。金老闆是想透過這種潛移默化的方式改變宥如。

但幾次談話過後，宥如依然沒有什麼變化，還是像往常一樣遲到，更為嚴重的是，她與之前有過摩擦的同事有了更深的矛盾，甚至在一次衝突中，她還罵哭過另一同事。

面對宥如過於激烈的行為，金老闆依然選擇了容忍。因為

在他看看來，宥如雖然脾氣是急了一點但本性並不壞，而且工作能力強，只要用足夠的耐心和時間來改變她，一定能幫助她改正缺點。

但是，金老闆近乎毫無原則的寬容對宥如來說似乎成了一種妥協，她變得越來越恣意妄行。在一次會議上，金老闆要求所有員工暢所欲言，談談最近的工作得失。宥如的同事就很委婉地指出宥如在工作中獨來獨往，不跟同事配合，這樣會影響整個團隊的工作效率。宥如一聽，突然激動起來，對那位同事吼道：「你工作能力不行不代表我能力不行，我為什麼要和你配合？還有，你還沒有資格說我！」

「宥如，妳這是什麼態度！」金老闆也覺得那位同事說得有道理，也想借此機會警告宥如：「我認為他沒冤枉妳，妳工作能力雖強，但也不能因此目中無人。妳再不改進態度，馬上給我走人！」

一聽這話，宥如聲嘶力竭的對金老闆吼道：「我知道你早就看我不順眼了，平時總愛挑我的毛病，說什麼我不能與人為善，還上班總是遲到，可是我為公司做的貢獻，你看到了嗎？既然你們都看我不順眼，那我辭職好了！」說完，哭著跑出了會議室。

對於宥如的激烈的反應，金老闆是萬萬沒有想到的。以往和宥如談話，雖然沒有提她為公司做的成績，但金老闆認為，

他委婉的建議不也透露出希望她改正缺點的殷切之心嗎？為什麼她就不能理解呢？

宥如最終還是離開了公司，已經對她失望的金老闆也沒有再做任何挽留。

為什麼不能這麼說？

對於有能力卻居功自傲的員工，帶有威脅性的告誡，不僅難以發揮激勵作用，反而會引起更大的爭端。

所有的老闆都希望自己擁有「孫悟空式」員工，因為這類型員工有很強的工作能力，往往能為公司披荊斬棘，創造出非凡的業績，能使公司在激烈的競爭中立於不敗之地。然而，如果真的擁有了這樣的員工，你又不得不憂慮，因為他恃才傲物，不服從管理，很難與其他員工和諧相處，再加之過於情緒化，常常製造出一些事端，令公司上下雞犬不寧。面對這樣的員工，老闆愛恨兼有，但如何降服並有效激勵他成了每個老闆最頭痛的問題。

案例中的宥如是一個典型的「孫悟空式」員工，她富有才能卻不服從管理，甚至和同事不斷發生矛盾衝突。這些因素疊加起來，導致她剛愎自用，聽不得一點對她不利的話。從宥如最後暴怒的言語中不難發現，儘管在金老闆在以前幾次的談話中十分委婉地指出她的各種缺點，但缺乏鼓勵性的語言，居功

自傲的宥如自然找不到認同感，把金老闆的良言當作一種無端的挑剔，產生不滿的同時變得更加敏感。所以，在會議上，當同事指出她工作中不妥的行為時，她平時累積的所有不滿便徹底爆發了，而這時金老闆用「妳再不改進態度，馬上給我走人」的警告希望能讓宥如警醒，但結果不僅沒有達到目的，反而火上加油，讓宥如覺得所有人都把矛頭對準了自己，從而負氣離職。

如果當時金老闆馬上宣布散會，然後等宥如的情緒平復之後，再進行一次深談，把自己的期望明明白白告訴她，給她足夠的鼓勵，或許就能挽回這種局面。

那我應該怎麼說？

你可以這樣對員工說：「你做事乾脆，從來不拖泥帶水，而且很有成效，你為公司做出的業績，我十分認可。所以，我有意讓你擔任一個重要部門經理的位置，但我發現前幾次的談話，你根本沒有理解我的用意，也沒有改正缺點，你這樣的表現讓我怎麼放心把這麼重要的部門交給你管理？所以，我希望你能盡快改正這些缺點，為你的升遷做準備。」

與不服從管理且缺點頗多的「孫悟空式」員工溝通時，一定要私下進行，因為這類型員工都好面子，無法接受當眾批評。其次，正式進入主題之前，要用讚美性的語言肯定他的成績，然後向他傳達你對他的期望的同時指出他的缺點，這樣員

工才能受到激勵，願意接受你的意見同時也會努力改正自身缺點，以達到你期望的標準。

員工的第 25 道陰影： 要多為公司貢獻

　　竣俊在一家手機生產公司工作，他上班從來不願意早到一分鐘，下班也不願意晚走一分鐘，整天工作昏昏沉沉的，沒有一點熱情，他不知道自己能堅持到什麼時候，枯燥而單調的工作已經無情地擊碎了當初他來公司時，老闆的那場極具煽動性的演講所帶給他的無限的幻想⋯⋯

　　那是一個明媚的下午，窗外的陽光投射在臺上的老闆身上，像極了一個天使。老闆先是從他的發家史開始講起，說他年輕時做生意失敗，如何被債主追得滿世界跑；如何憑藉自己的聰明才智東山再起，擁有今天的成就，足足講了一個小時才說完。之後，他不顧已經沉浸他故事當中的員工的感受，直接進入了下一個主題 ── 展望未來。

　　「公司是大家的公司，公司要靠大家的貢獻。公司的大樓、廠房，是公司的也是大家的，大家要多加愛惜。公司就是一個大家庭，你們都是這個家的成員，你們要為公司多貢獻，

這樣才是公司的自己人。讓我們一起共創輝煌的未來！」

迎接新員工的歡迎儀式就在老闆口沫橫飛中結束了。竣俊確實和其他所有員工一樣，被老闆天才般的演講深深地打動了，真的產生了一種把公司當成自己一家人的感覺，幻想著只要努力工作，公司也會像家人一樣對待他們的。

只是，在隨後拿到的員工手冊中，竣俊卻讀到了與歡迎儀式上熱烈氣氛完全不同的感受，公司對員工的苛刻要求到了出神入化的地步：產品中只要有瑕疵品，不管原因，都要由當班的工人一起賠償；產品檢驗後必須再次檢驗，兩次檢驗不合格就以瑕疵品處理；遲到早退者，每分鐘扣五十元，超過三十分鐘就按曠職處理，不僅當天薪水泡湯，還要罰款。就連請病假、事假的當天薪水也要全部扣掉，每月請假超過三天也要罰款；上班時間不可以交頭接耳、不可以談論私事、不可以講電話⋯⋯

但真正令竣俊無法忍受的是正式上班後，他們每天工作超過十個小時，雖然超過八小時的時間就按加班時間計時，但加班的加班費卻從來沒有兌現。儘管公司明文規定，累計加班超過八小時就可以調休一天，但竣俊嘗試過數次申請調休試，每次得到老闆回答的永遠是一個標準答案：公司人手不夠，工作太多，無法安排出調休的時間。不要老想著休息，要多為公司貢獻！就這樣，因為工作多，竣俊不僅沒有調休，就連星期天

也不得不加班。

　　如果說，沒有休息日在竣俊尚能接受的範圍之內，那麼嚴酷的產品檢查則無法讓人忍受。有些手機零件本身就極其易碎，若是被發現零件有損壞者，要被罰款，而且若是誰不小心高聲說了幾句話，也被認為是違反了公司的制度，要被罰款。

　　不到三個月裡，竣俊送走了一個又一個因無法忍受這種惡劣的工作環境而辭職的同事。但老闆對此從來沒有在意過，也從來沒有挽留過任何人。因為在他看來，生產線的工作容易上手、門檻低，不愁找不到人來替代。此外，他還要感謝那些還沒有工作滿一個月就離開的員工，因為他為自己節省了一筆開支。

　　竣俊上過大學，只是因為暫時找不到合適的工作而暫時謀生此處。他天生主意多再加上能言善辯，所以同事們便請他向老闆提出一些意見。竣俊便義不容辭地向老闆進言，希望他能改善一下他們的工作環境。可是，老闆還是以「多為公司貢獻」來回覆他，並告誡他不要帶頭滋事：「等公司發展壯大了，你說公司能虧待你們嗎？所以，不要總計較眼前的得失！」

　　當竣俊將與老闆溝通的情況告訴同事們時，怒喝聲此起彼落，有幾個脾氣暴躁的還要去找老闆算帳，幸虧竣俊及時將他們攔了下來，說：「武力不僅難以解決問題，相反會授人以柄，我倒有個好辦法。」

接著，竣俊找到在報社當記者的同學，請他把公司壓榨員工的情況登在報紙上。第二天，消息登出的同時，竣俊又聯合同事把公司告上了法庭。

為什麼不能這麼說？

單靠純粹的精神激勵無法讓員工努力工作。

從某種意義上說，員工對公司有依附的關係，只有在公司發展壯大、賺取了足夠的財富之後，員工才能享受到更好的待遇。在這之前，員工應該不要太計較個人得失，努力為公司貢獻，這確實是有道理的。但值得注意的是，老闆要想員工多為公司貢獻，前提是要滿足員工合理的薪資和福利，只有這樣員工才能免去生存之憂，才能盡心盡力的工作。

案例中的老闆忽視了員工的感受，除了沒有為他們提供更好的福利待遇外，還設立了嚴格的獎懲制度以逼迫他們多勞而少得。他之所以這樣做，是認為生產線的工作門檻低，不需要專業技術，隨時都可以招聘到新員工。在這樣的心理下，老闆便單純依靠精神激勵來讓員工替自己努力工作。雖然這種激勵起初確實能激起員工的幹勁，但時間一長，員工就會發現自己受到了欺騙，覺得老闆說的話雖然漂亮，但和自己沒有任何關係。

員工在與老闆溝通無效後，雙方的糾紛便徹底爆發，最終

對簿公堂。結果可想而知，老闆必會受到相應的法律處罰。

如果當初老闆用精神激勵員工的同時，也能付出合理的報酬和福利，那麼也就不會有後面的事情了。可見，精神激勵要在良好的薪資和福利基礎上才能發揮出它的作用，否則，即使老闆講得話再漂亮，員工也無法認同。

那我應該怎麼說？

你可以這樣對員工說：「生產線是整個生產當中重要的一環，所以要請大家重視，嚴格把關品質。另外，我會訂定合理的薪資待遇以及福利，如果大家有什麼不滿意的地方也可以提出意見，我會酌情處理。」

生產線上的工作很多都是以計件的方式作為報酬標準，所以你只要把這道工序的額定報酬說得清清楚楚，每天做好做多，報酬得多得少，非常簡單，員工們心裡也清清楚楚，這對每個員工都是公平的。而且，如果員工的業績超出了公司原定目標，多出來的部分也可以作為獎勵，這種意外的獎勵同樣會激起員工的工作積極性。

FIFTY SHADES OF SPOILED BOSS

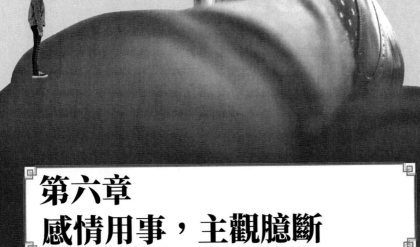

第六章
感情用事，主觀臆斷

員工的第 26 道陰影：
要不是你是我的員工，我才懶得問你

　　文辰大學畢業後在一家公司跑業務，工作十分賣力。這天，文辰頂著太陽辦完一項業務後，風塵僕僕地回到公司，還沒等他坐下來享受冷氣的涼爽時，就被老闆叫到了辦公室。

　　「文辰啊，今天那項業務進展怎麼樣？還順利嗎？」老闆關切地問。

　　「非常順利！」文辰一說到跑業務，精神馬上來了，手足舞蹈地說，「我向客戶詳細地介紹了我們公司產品的性能以及優越性，讓他們了解到我們產品價格不僅合理，而且還非常適合他們使用，因此他們十分痛快答應給我們五百萬元的訂單。」

　　老闆讚許道：「嗯，你表現很不錯！但是，客戶的實際情況你做過調查和了解嗎？會不會今天答應了，到真正簽訂合約的時候反悔了。每年業務部的業績是公司很大一部分收入，如果他們到時候毀約，不僅會影響到公司，而且對員工的士氣也是一個很大的打擊。所以，你能確信那家公司一定不會反悔嗎？」

　　「他們公司不僅規模大，而且口碑在業界也不錯。」文辰臉上的興奮消失了，取而代之的是沮喪的神情，話裡開始有了些許不滿，「我先在網路上了解他們公司的供貨管道以及各大

論壇人們對他們的評價，然後打電話預約再去拜訪，而且我是得到你的批准之後才出去的。」

老闆看出了文辰的不滿，尷尬地說：「我只是擔心你對整個流程不熟悉才會多問你幾句，你別多想，我只不過是關心你。」

文辰臉上露出一絲憤怒說：「我做業務已經非常不容易了，您應該給我鼓勵和肯定，為什麼還要這麼不信任我？」

老闆面露慍色地說：「你這話也太過分了吧？要不是你是我的員工，我才懶得問你呢！」

「那好啊，我還巴不得你不問呢……」文辰怒氣衝衝地甩門出去。

為什麼不能這麼說？

當員工誤解你的好意時，你越是控制不了情緒，就越容易說不該說的話，這不僅無法獲得員工的理解，反而會火上加油，激化彼此之間的矛盾。

從案例中的對話可以看出來，文辰不僅工作經驗少，而且還把情緒帶到工作上，混淆了情緒與工作的關係，所以當老闆詳細問詢業務的時候，文辰認為老闆是在懷疑自己業務能力，而對於員工來說，業務能力是他在公司立足的根本，容不得任何人懷疑，因此對老闆的話產生了誤解，雙方產生了衝突。文

辰的說話方式固然不對，但老闆處理文辰對他的誤解的態度更不對。面對文辰的誤解，老闆表露的是不滿，並非真誠的解釋，結果導致雙方不歡而散。

其實老闆只要冷靜下來想一想，就能找出誤解的來源。大多數情況下，老闆被員工誤解是因為員工沒有理解老闆，沒有認清事實的真相，才引發的不滿。所以，老闆只要在輕鬆的氛圍下澄清問題的癥結，讓員工了解自己，那麼就能有效地消除他對你的誤解。

從老闆的角度分析，被員工誤解是很正常的事情。因為與員工相比，不論從年齡還是人生經驗上，老闆都有得天獨厚的優勢，在判定一件事情的時候往往會有很高的準確度。所以，在彼此優勢不對等的情況下，員工就很容易對老闆的話產生誤解。而當誤解產生時，老闆不應該埋怨、指責員工，首先要做自我檢討，看是否向員工表達清楚了自己的好意。要知道，誤解絕對不是憑空而生的，一定是有原因的。當你發現自己被員工誤解時，你有必要冷靜下來，找出問題的癥結所在，這樣才能有針對性地闡明原因。反之，如果你只知道煩惱或者惱怒，而不去找問題的癥結所在，就無從知道誤解從何而來，顯然不利於消除誤解。所以，當誤解產生時，你應該是自我反省，看看自己哪些地方做得部不對，之後再與員工推心置腹進行溝通。

那我應該怎麼說？

你可以這樣對員工說：「我之所以詢問你的工作，只是希望你以後更關注細節方面，因為很多成功都是來源於對細節的關注。這並不是對你的能力否定，而是就事論事，希望你能理解。」

在明白員工誤解你的原因之後，你就能有針對性地掌握他的心理和想法，然後講明自己的理由。事實上，只要你願意放下架子，拿出誠意，主動與員工溝通，坦誠交流，誤解就已經消除一半了，當你把為員工考慮的理由陳述完之後，不僅會徹底消除員工對你的誤解，還會贏得他的尊重。

員工的第 27 道陰影：
公司不需要你這樣的員工，你馬上走人

益駿博士畢業後進了一家中型公司。還未等他正式入職，公司裡就傳得沸沸揚揚，公司至成立以來，這可是來的第一個博士，怎麼能不叫人好奇呢？而且吳老闆也是樂得眉開眼笑，總覺得自己找到一塊金子。

益駿的能力果然厲害，剛來沒兩天，公司開行銷會。會上

益駿也講了兩點，觀點深刻、切中問題要害，震住了在場的所有人。這下，大家都覺得老闆聘請益駿擔任助理真是明智之舉。

在實際工作中，益駿也做得有聲有色，認真又負責。但時間長了，益駿卻開始有了各種越權的行為。有一次，吳老闆在酒店設宴宴請一位重要客戶。客戶來的時候，益駿和老闆一起到酒店門口迎接，由於是初次見面，益駿表現得十分積極，第一個上前和客戶握手，客戶誤以為益駿是老闆，自然也十分客氣的地回應，這讓站在一旁的吳老闆尷尬萬分。

這雖然是一件小事，但吳老闆卻從中發現，益駿對權力有一種發自內心的渴望和追逐。雖然益駿目前表現很優秀，但畢竟太過年輕，又剛畢業沒多久，現在讓他擔任重要職位未免有些操之過急。為了避免益駿做出更多越權的事，吳老闆曾不只一次暗示過他，但益駿好像並沒有理解老闆話中的深意，依然不時會插手老闆的事務。

有一次，吳老闆要外出處理事情，特意留下益駿與一個客戶簽訂合約。在這之前，吳老闆帶著益駿已經和客戶談妥了大致的合作條件，現在只要簽訂合約，就可以進入下一步的合作環節。

可是，當益駿與客戶見面之後，客戶卻對他說：「我們公司作了新的預算，發現給你們的價格太低了，這樣我們就會虧

損。所以，非得再調高價格才能簽訂合約。」益駿一聽這話，當下就急了，說：「之前我們不是已經談好了合作條件了嗎？怎麼說變就變呢？」

客戶無可奈何說：「這也是沒辦法的事情，現在生意不好做，總不能讓我們賠錢做吧？更何況，在沒有簽訂合約之前，一切談好的條件都是無效的。」

益駿思索了一下，大體估算了一下合作專案的成本，認為公司即使答應了客戶的漲價要求，也不會虧損，再加之他急於表功，所以也沒請示吳老闆就答應了客戶的要求。客戶見他如此爽快，便問了一句：「你難道不需要徵求一下吳老闆的意見嗎？」

益駿揮揮手說：「不用！這件事我說了算。」客戶見他這麼說，便放心地簽訂了合約。

吳老闆出差回來後，益駿便遞上合約並向他彙報自己與客戶簽訂合約的過程，極其誇大自己當時如何果斷，如何快速計算公司投入成本。還未等他說完，吳老闆把合約摔在桌子上，氣得渾身哆嗦。他指著益駿吼道：「這麼大的事情你怎麼不和我商量，誰讓你擅作主張的？公司不需要你這樣的員工，你馬上走人！」

老闆的怒罵讓益駿徹底傻眼，出於對自己的防衛，他本能解釋說：「我只想把事情做好。我雖然沒有多少經驗，但你要

相信我的判斷，即使按照現在合約進行專案，公司也不會虧損……」吳老闆此時已經被憤怒沖昏了頭腦，他最忌諱的越權行為總是再三上演，現在讓他如何再繼續容忍？所以，任憑益駿怎麼解釋，他都聽不進去，很快讓財務部結算了益駿當月的薪水，讓他走了人。

益駿被辭退之後，吳老闆試圖和客戶解約合約，重新談判，但被客戶拒絕了。吳老闆只好被迫開始進行這項專案。由於最熟悉該專案的益駿被辭退了，公司也沒有人能接手這個專案，吳老闆只好親自帶領同仁進行這件專案，這令本來每天要處理很多事務的他感到力不從心。

最後，專案按時完成了，公司雖然沒有實現預期的盈利，但也沒有虧損，甚至還小賺了一筆。這時，吳老闆才開始後悔衝動之下辭退了益駿，如果當時自己冷靜下來，權衡利弊，想必就不會失去這個人才了。

為什麼不能這麼說？

有些事情或許沒有想像中那麼壞，衝動之下做出的決定，往往可能是錯誤的。

「越權」主要是指下屬說了不該說的，管了不該管的，做了不該做的，實際權力超越下屬的職權範圍。喜歡越權的下屬的特點有：不該決定的問題擅作主張、越俎代庖；先斬後奏，

把本不該他決定的事定了，然後彙報，迫使老闆就範；斬也不奏，封鎖消息，自己說了算；設好圈套，片面反映情況，讓老闆往圈套裡鑽，出了問題將責任往上推。

下屬的越權不僅是對老闆的一種不尊重，甚至還會導致老闆的權力被架空，從而引發管理不力，引發混亂，影響團結，形成糾紛，影響了工作的正常秩序。

導致下屬越權的原因有三種。

一是，由於職責範圍不清、不順，因而在工作中有意無意地、不自覺地越權，屬於主觀上的無意。

二是，由於對上級有成見，或為了顯示個人才能而有意、不正當越權。

三是，在非正常的情況下的越權，如果來不及請示等。

案例中的益駿其實就是希望在吳老闆面前有一個好的表現，從第一次搶先與客戶握手，到擅作主張答應客戶漲價的要求，無不是為了表現自己的能力，展現出強烈的被需要感。員工有進步的欲望，這本來是好事，但吳老闆初次發現益駿有越權的苗頭後，不僅沒有積極引導，反而暗示打壓，儘管吳老闆也有他的考慮和打算，但也應該和益駿敞開心扉，讓他明白自己的職責所在以及對他的期望。但遺憾的是，吳老闆沒有這麼做，這就為益駿以後有意越權埋下了隱患。

所以，面對下屬的越權，老闆應該給下屬傾訴的機會和時

間，聽聽他真正的需求是什麼，希望完成什麼樣的工作。而在
下屬傾訴的時候，你需要做的是肯定和回應，靜靜地等他打開
話匣子。除非他將自己的表達完了，否則你不要輕易打斷或表
達自己的看法。這樣，在弄清楚下屬真正關心什麼，要想做什
麼事情之後，你就可以從他的動機出發分析問題，站在他的立
場上為他出謀劃策，讓他明白該怎樣改進。

那我應該怎麼說？

　　你可以這樣對員工說：「我知道你想承擔更大的責任，我
也有意提拔你當主管。但你現在資歷太淺，所以我希望你能像
以前一樣出色地完成本職工作，等時機成熟了，我自然會提拔
你。而你這次的越權讓外人覺得公司很混亂，甚至會給公司帶
來虧損。所以，我會給你處分的，也希望透過此事，你能夠吸
取教訓，不要再犯同樣的錯。」

　　如果下屬是出於進取意識或者責任感而做出了某些職權範
圍之外的舉動，精神可嘉。因此，老闆需予以理解，但也不
必大加讚揚，畢竟越權已成事實，行為不當，且已構成某些
不妥或危害，要指出問題和危害。需要注意的是，在提出問題
之前，你要先肯定下屬以前的工作，並提出期望，這樣有褒有
貶，下屬也容易接受處分和批評，並願意改正錯誤。

員工的第 28 道陰影：
我叫你做什麼就做什麼，做不到就走人

　　韋廷在一家電器工廠做設計師，專門設計家用電磁爐。他設計的電磁爐外型美觀，產品一經上市，就引起搶購熱潮，這令韋廷得意不已。雖然在事業上獲得了成就，但韋廷對自己目前的待遇還是有些不滿意，曾私下說老闆刻薄寡恩，只知道壓榨剝削員工。

　　韋廷本來是一句抱怨，卻不知道怎麼回事傳到老闆耳朵裡了。天下的老闆最忌諱員工說他壓榨員工，韋廷的老闆自然也沒那麼大度，他認為自己給員工的薪資與同行相比，已經屬於高薪，只是員工欲求不滿，這樣下去，只能助長他們貪欲。所以，他決定拿韋廷開刀，威懾一下員工，以此樹立自己的權威。

　　一次，韋廷接到老闆的命令，限他在一個星期內設計出一款新型的家用電磁爐。雖然老闆給韋廷的期限是短了些，但韋廷對自己的實力十分自信，稍微加了幾個班就設計出自己十分滿意的設計圖，並交給了老闆。

　　老闆拿著韋廷的設計圖，仔細看了半天，就開始挑毛病，不是說線條不流暢就是某些細節不合理，最後竟然挑出十幾處「毛病」。他語重心長對韋廷說：「有時候，人得學會知足！我

們工廠給大家的薪水是什麼水準，想必大家都心知肚明吧？況且，老闆的錢也是一分一分賺來的，所以要想從我這拿高薪，他必須得值那個價！好了，你的設計稿就先這樣吧，我回頭把意見給你再請你再修改一下。」

老闆不陰不陽的語調讓韋廷突然回過神來，他想一定是有人向老闆說了自己什麼話，才導致老闆對自己如此挑三揀四的。韋廷脾氣也比較火爆，當下回嘴說：「我不知道別人跟你說了什麼，如果我有什麼得罪你的地方，我在這先跟你道歉了。但是請你不要再挑剔我的作品，即使它再差，也不至於有幾十處毛病吧？」說完，便轉身離去。

從此，雙方的矛盾徹底激化，老闆處處找韋廷麻煩，而韋廷則是兵來將擋，水來土掩，雙方你來我往，暗中較勁。一次，老闆安排了一個新工作給韋廷，照例規定了完成期限，韋廷努力在規定期限內完成，心中得意洋洋地想：這下老闆該拿不出為難我的辦法了吧！誰知，還沒容他喘口氣的時候，老闆又給他安排了一個難度更高的工作，韋廷當下即拒絕說：「這個任務我在規定期限肯定無法完成，必須有人配合我才行。」

老闆抬眼看了一眼韋廷說：「我是老闆，員工只有服從，不許反駁和抱怨。我讓你做什麼就做什麼，做不了走人。」

韋廷冷笑一聲，說：「此處不留爺自有留爺處。既然你容不下我，我走人就是了！」

隨著章廷的辭職，老闆看似在最後的爭鬥中獲勝，其實不然，他因這件事情給員工留下了孩子氣的印象，他們一致認為，像這樣感情用事的老闆就算獲得了成功也是短暫的，遲早有一天會為此付出代價的。

為什麼不能這麼說？

老闆與員工產生衝突時，一味給員工製造難題，不僅難以樹立自己的權威，反而會逼走員工。

衝突，顧名思義就是雙方之間產生衝突，發生正面碰撞。衝突至少在兩人或兩個人以上之間產生。當員工與老闆發生衝突時，作為公司最高的領導人首先會感到權威受到了挑戰，第一反應幾乎都是強行打壓、刁難，這種方式雖然能為老闆挽回一時的面子，但沒有從根本上化解衝突，員工會對老闆產生怨恨。

在工作中，老闆與員工之間發生衝突是很正常的，遇到這種情況，老闆需要做的是平復自己的情緒，抱著對事不對人的態度，對員工的行為表示理解和寬容，並積極尋求解決辦法。案例中的老闆顯然是不對的，他為了個人恩怨排擠員工，而不是想辦法化干戈為玉帛，最後導致人才流失，也讓自己的形象大打折扣，可謂得不償失。

老闆與員工發生矛盾衝突的原因是多方面的，有時候是因

為員工犯錯，而有時候可能是老闆做得不好，或者是因為老闆自身素養的缺陷，導致與員工發生衝突。不論因為何種原因造成的矛盾，要注意的是，在衝突爆發後，老闆最需要做的不是繼續纏鬥和非爭個輸贏不可，而是尋找辦法，化解衝突。一般情況下，老闆首先要做到公平，讓員工與自己有平等對話的機會。這裡既要警惕權力效應，反對「有權就是真理」；也要注意地位效應，避免「官大一級壓死人」。如果衝突爆發後，老闆總是不尊重員工，輕視員工的人格，並總是以高人一等的姿態說話，這就失去了解決衝突的一個重要前提——公平。而這樣只會激起員工的反叛心理，更加不願意服從管理。其次，如果員工是衝突的製造者，老闆不應該盯著他的錯不放，因為人無完人，每個人都優缺點，無心之過理應被理解。所以，如果老闆對員工多一些包容，他會對你產生感激之情，這時不需要你再多說什麼，他也會保證以後不會再犯類似的錯。

那我應該怎麼說？

你可以這樣對員工說：「我可能平時對大家照顧不夠，所以你對我有成見也在常理，對此我非常抱歉。但是我認為，即使你對我有意見，也應該當面講出來，為什麼要在背後議論我呢？你要知道，你的議論很可能會引發更多謠言，影響到團隊之間的關係，你覺得呢？」

通常來說，老闆與員工之間產生衝突，雙方都有責任。如

果只有一方積極主動地尋求化解衝突的辦法，而另一方冷漠地對待，甚至不予配合，對於化解衝突也是無濟於事的。一般來說，無論是老闆或員工，主觀上都希望與對方保持良好的關係，希望隔閡盡快消除。然而，在實際工作中衝突發生時，有些老闆或者員工總感覺不好意思第一個主動找對方溝通，這種不及時、不主動，往往會加劇彼此之間的衝突。所以，老闆如果能主動找員工談話，開誠布公，往往很容易化解與員工的衝突。

員工的第 29 道陰影： 沒想到他是這種人，我一定會處置他

日美公司在年底遭遇到一個嚴重危機：最大的供應商 A 公司突然毫無徵兆地提出了中止合作的要求，按照合約規定，只要合約到期，不僅日美公司就連與其合作的經銷商的庫存貨物也必須立即停止銷售。為了保住自己的聲譽，日美公司迫不得已賠付經銷商一大筆錢。

已經失去最大供應商的日美公司當務之急就是再找一家實力與 A 公司不相上下的供應商，只有如此，才能用新的產品穩固下來經銷商系統。對於日美公司這樣知名度很高的大公司來

說，尋求這樣的公司並非難事，但要在短時間內做成一筆大生意，也並非易事。

儘管如此，日美公司的老闆陳總依然沒有一絲著急的樣子，他深知重賞之下必有勇夫的道理，所以他承諾：誰能在最短時間內找到適合公司的供應商，除了升遷之外，還可以分配一定的股權。

員工們聞風而動。下手最快的是公司行銷部的李總監，他透過業內朋友的介紹，找到了 A 公司的最大競爭對手 B 公司，經過幾次溝通，對方就有意與日美公司達成合作，在接下來不到一個月時間，雙方就開始了實質性的談判。

李總監的初戰告捷讓日美公司陳總和幾個高層個個歡欣雀躍，但副總張智強卻鬱鬱寡歡，看不出一點高興的樣子。原來，當年張智強晉升副總時，李總監和他同為候選人，只是資歷比他稍差一些，才讓張智強最後勉強勝出。如果李總監現在再為公司立下大功，很可能會威脅到張智強的地位。好不容易爬到副總的張智強自然不會讓這件事發生，就在李總監與 B 公司進行談判之際，張某私下向陳總透露一個驚天祕密：「日美公司與 A 公司合作的破裂全是因為 B 公司在背後搞鬼，而李總監早就與 B 公司的人有來往，現在他這麼輕易與 B 公司搭上線，背後肯定有什麼不可告人的祕密。」

陳總對於 A 公司的突然解約一直心存疑惑，現在聽張某這

麼‧說，再聯想整件事情，這確實是一個很合理的解釋。想到這裡，他對張智強說：「沒想到他是這種人，我一定會處理他的，你放心吧！我絕對不允許公司發生這種事。」

緊接著，陳總召回了李總監對他說：「我聽到一些關於你的傳言，你能和我說說你和 B 公司的事情嗎？」被突然召回的李總監，正忙於談判事宜，現在聽老闆這麼一問，不免有些錯愕，他疑惑地說：「我和 B 公司的事？我現在正在和他們談判呀！」

見李總監一臉迷惑的樣子，陳總的心忽然猶疑了一下：難道張智強給我的是假消息？現在李總監的態度和表情符合常態，不像是做了虧心事。但轉念一想，事情已經到了這種地步，還不如問個明白。於是便開門見山地問：「你和 B 公司來往是從什麼時候開始的？」

「就是一個月以前有朋友介紹我們認識的，這些情況我都向你彙報了呀！」李總監對老闆的明知故問感到不明所以，回答得有點不耐煩。

「我看你應該早就和 B 公司的人認識吧？要不然，他們怎麼會在這麼短的時間答應和我們合作？」陳總直接把話挑明。

一聽老闆這話，李總監馬上就明白一定是有人在背後說了他什麼壞話，想到自己一心為公司拚命，到頭來不僅沒有得到什麼表揚，反倒被人胡亂議論，他不由得心生一陣怒火，語氣

也強硬了起來：「我不知道別人和你說了什麼，但是我和 B 公司只是單純的合作關係，沒有什麼不可告人的祕密。現在正是談判的關鍵時刻，我希望大家能把精力放在工作上，不要做一些傷害自己人的事情。」

儘管李總監如此誠懇解釋，最終也沒能消除陳總的懷疑，他最後決定把李總監調往分公司擔任主管，同時讓張智強全權負責與 B 公司的談判工作。

張智強走馬上任後，馬上推翻了李總監曾與 B 公司談好的條件，惱怒萬分 B 公司要求日美公司讓李總監回來負責談判工作。B 公司的要求更讓陳總成了驚弓之鳥，在他看來，這是李總監與 B 公司有私下交易的最好證明，於是很強勢地拒絕了 B 公司的要求。

被徹底激怒的 B 公司馬上終止了談判，雙方最後也沒能達成合作關係。

為什麼不能這麼說？

相信那些愛打小報告人的話，並且因為流言蜚語的影響而改變人事的安排，無疑是在助長此類行為。

所謂報告是指把事情或意見正式向老闆反映，而「小報告」雖然只多了一個「小」字，卻帶有明顯的貶義，它是指某些人為了達到自己的目的，在老闆面前搬弄別人是非和說別

人壞話。當員工在你面前打小報告時，你如果在沒有調查的情況下，就表明態度，是不理智的行為。正如案例中的張智強，儘管他的「報告」雖然是無中生有，但放在具體的情況和環境中，卻又合情合理。所謂「真亦假時假亦真，假亦真時真亦假」，陳總由起先的懷疑，到後來堅信李總監確實做了對不起公司的事，期間雖有過狐疑，但最終還是被表象所蒙蔽，把假的變成了真的。而這個例子說明了──如果老闆輕信員工的小報告，往往會做出錯誤的決定，最後很可能會損害公司的利益，影響公司的發展。因為愛打小報告的人，往往心胸狹隘，他們嫉賢妒能、私欲膨脹，喜歡採用不正當的手段實現自己目的。有的員工故意製造假象、捏造事實；有的員工無中生有、添油加醋……儘管小報告的形式各異，但最終的目的是相同的，即想把別人整倒，自己漁利。

在公司裡，重要的不在於有沒有小報告，重要的是老闆如何處理、對待小報告，怎麼避免公司傳播更多的小報告，有的老闆對待員工的小報告的態度是「對不起，請你不要說同事的不是」，這會傷害員工。有的老闆得知員工的小報告後，便將小報告傳達給所指對象，這往往會讓後者憤怒不已，很容易與打小報告的同事產生衝突。

而且因為「疑人竊履」的效應，當老闆也開始懷疑員工的時候，就難免戴上有色眼鏡看他，最後會「發現」其一切所做所為皆有可疑之處。當懷疑的種子在老闆心中種下時，不信任

的氣氛就會像毒瘤一樣在公司裡滋長，直到破壞掉公司裡和諧的人際關係。

那我應該怎麼說？

你可以這樣對員工說：「你反映的情況我知道了，我會慎重處理這件事情。」

對於員工的小報告，你首先不能表現出一副很有興趣的樣子，否則會助長這種風氣，其他員工也會爭相效仿。其次，要經過充分調查再下結論，如果小報告內容屬實，有必要處罰小報告所指的對象。反之，要批評打小報告的員工。而這些事情不應該搞得人盡皆知，最好私下進行。另外，作為一家公司，應該有正常的資訊回饋機制，不應該讓員工習慣於打小報告。員工之間一有利益衝突或者矛盾，首先想到的就是打小報告，這本身就是公司不健康的表現。所以，如果是一些無關緊要的小事，老闆最好規勸員工不要打小報告。

員工的第 30 道陰影：
你以後必須支援他的工作

李俊音大學畢業後，進入一家醫療器械公司從普通業務員

做起，幾年之後高升為業務部主管，成為公司最年輕的主管之一。雖然升遷之路走得並不那麼容易，但李俊音認為一切付出都是值得的，尤其是業務部在自己的帶領下，每年都能做出令人咋舌的業績，為公司帶來巨額利潤的同時，也為下屬帶來了可觀的薪水和年終獎金，而他本人就更不用說了，除了每年可以拿到百萬年薪的同時，年底還可以享受公司的分紅。

然而，就在李俊音意氣風發的時候，他卻開始厭倦這種生活。現在公司已經進入平穩發展階段，工作沒有任何挑戰性，對於生性不安分的李俊音，這種生活並不是他想要的。

心有所求，必有所應。另一家醫療器械的賴老闆也不知道從哪得來的消息，極力邀請李俊音去他的公司擔任行政經理，負責公司的日常管理。為了能夠挖到他，賴老闆甚至許諾只要他肯來，所提供的年薪和分紅是他之前的兩倍。

賴老闆之所以肯下重本的原因是，公司發展迅速，設立的部門越來越多，需要一個有豐富管理經驗的人來管理公司。而李俊音所在的醫療器械公司是業內頗有名氣的企業，他為該公司的發展壯大立下了汗馬功勞，所以聘請他擔任自己公司的行政經理，是最合適不過的了。

李俊音了解到賴老闆的公司處於發展階段，公司內外的一切事務都極富挑戰性，再加之待遇優厚，他幾乎沒有猶豫就辭了職。

在李俊音到新公司報到那天，賴老闆當著全體員工的面隆重介紹了他，並打破公司傳統給予了他調動經理人員的人事權。

李俊音正式工作後，馬上運用自己多年的管理經驗對公司進行了有條不紊的改革和調整，緊接著他又安排全體員工按部門被分配為幾組，分批進行為期一周的培訓課程。

培訓在其他部門進行得很順利，但在業務部那裡卻出現了問題。到安排好的時間，業務部卻沒有一個人來參加培訓。李俊音十分敏銳地察覺到業務部的劉經理對自己充滿了敵意，因為自己的空降，從某種程度上說，他們之間形成了一種領導者和被領導者的關係。他認為現在是公司發展的關鍵時期，需要大家一起努力，而不是起內訌的時候。所以，他覺得有必要與劉經理好好溝通一下。

誰知，李俊音懷著真誠的溝通的態度來到劉經理的辦公室，還沒等他說明來意，劉經理就不耐煩地揮揮手打斷他說：「我現在很忙，沒有時間和你閒扯淡，你先出去吧！」李俊音沒想到劉經理對自己的怨氣這麼大，更覺得有必要深談一番，便耐著性子說：「我和你談的事情很重要，關乎到公司未來的發展。」

「重要個屁！」劉經理抬頭怒吼，「你是誰啊？公司還輪不到你這個新來的對我比手畫腳！以後做好你的行政經理就好

了，不要干涉我們業務部的事！」李俊音長這麼大還從未受過這種窩囊氣，他一句話也沒說，就狠狠地甩門而去，直接來到賴老闆的辦公室把剛才的事情敘說了一遍。

賴老闆聽後，當即把劉經理叫了過來，當著李俊音的面就開始數落劉經理：「現在公司處於發展階段，公司員工眾多，需要有系統的管理。這些情況你都是了解的，辛經理作為業內的資深管理人員，好不容易剛開始計劃，你不但不支持，反而處處反對他，居心何在？現在你不僅要向他道歉，以後還必須支援他的工作。明白了嗎？」

面對賴老闆道歉的命令，劉經理十分不服，儘管他知道自己在辦公室大發脾氣是非常衝動且失當的行為，但在當時，他正處於焦頭爛額的時候，實在無法控制自己的情緒。前幾月公司的產品本來處於銷售旺季，但這種情況沒持續多久，競爭對手推出的新產品加劇了市場的競爭，使得公司的銷售額開始直線下降。因此，賴老闆給他下了命令，必須盡快想到打敗對手的辦法。而就在他處於各方壓力的時候，李俊音卻不識時務地向他推行什麼公司管理計畫以及培訓。他想不明白，公司處於競爭的關鍵時期，老闆對此應該是了解的，可他為什麼還要支持李俊音推行什麼管理計畫？甚至還站在他的立場上對自己橫加指責。

劉經理越想越覺得氣憤難當，最後，他索性召回了所有的

銷售人員，讓他們立即到行政部去上培訓課。這樣一來，公司徹底陷入了混亂，各級代理商見不到業務員的影子，只好不停打電話。正在上課的業務員們只能不停接電話，然後不斷有人請假。結果可想而知，公司最後還是徹底敗給了競爭對手，失去了一半的市場。

為什麼不能這麼說？

老闆不依照客觀事實，全憑一面之詞作判斷，這樣很難讓被批評者心服口服。

有人的地方必然會不斷產生矛盾，作為一個擁有眾多管理者的老闆，每天需要處理的事務紛繁複雜，一個小的疏忽和考慮不周就有可能會讓下屬之間產生矛盾，這也是在所難免的。但下屬之間的矛盾徹底爆發時，老闆一旦感情用事，不僅難以處理好，還會把自己捲入矛盾的漩渦之中。

所以，面對下屬之間的矛盾，老闆首先要做到公平公正，不能有偏袒。只要稍微有偏心、私心，作為當事人的下屬肯定能馬上感覺到，結果不僅難以解決矛盾，反而會給下屬留下一個不公正的印象。所以，作為老闆，只有做到公正公平、不偏不倚，才能從根源上避免下屬之間產生矛盾。

其次，老闆還要仔細調查、了解矛盾，還原真相。要想徹底解決矛盾的一個關鍵點在於是否掌握和了解矛盾，如果做不

到這些，則容易感情用事，偏信自己的感覺，最終失去公平，害人害己。要知道，表現優秀的員工也有失誤、犯錯的時候，而一貫表現不好的員工也有在理時候。所以要想解決下屬之間矛盾，首先必須了解矛盾產生的原因，矛盾發展的程度，矛盾波及的範圍，也只有在詳細了解矛盾之後，解決矛盾才能掌握全局，有的放矢，不失公平的原則。否則，要麼解決不到位，要麼解決方向出錯，甚至還會引發更大的矛盾出現。

那我應該怎麼說？

你可以這樣對員工說：「業務部的工作特殊性，我是知道的，現在公司面臨特殊時期，需要一個像你這樣的人為公司衝鋒陷陣，所以你們部門暫時不用配合行政部的工作，等公司業績提升之後再作考慮。但這並不是說你就沒有錯，你壓力再大，怎麼能夠罵人呢？我希望你現在跟李俊音道歉。」

工作中，員工與員工之間的矛盾到了大爆發之後，通常的表現形式是雙方把矛盾提交上來讓老闆評斷，其實是告狀。這時，老闆千萬要保持鎮定，即使對是非有明確的判斷，老闆也切不可為其中一方的情緒所感染。你要做的是，先衡量他們對公司的重要性，如果缺一不可，那麼就應該平衡雙方之間的關係，保持住整個團隊的穩定性。等公司度過特殊時期後，在公司營運穩定的前提下，你盡量調換其中一方的工作職位，距離和空間拉得越遠越好。這樣互相不往來是最能避免再次爆發矛

盾的有效方法。

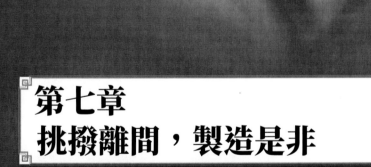

FIFTY SHADES OF
SPOILED
BOSS

第七章
挑撥離間，製造是非

員工的第 31 道陰影：
他的能力比你強，所以這個訂單由他接手

　　昱州是老闆的心腹愛將，老闆有什麼輕鬆的工作總是想著他，但在同事看來，大家都一致認為昱州的各種福利是因為老闆偏心才得到的，而他的能力也沒有老闆所誇得那麼強，因為昱州在很多事情上，總是能得到特別的關照。比如，別人向老闆申請一件事情需要很長時間，而昱州只需要一天就能解決。用老闆的話說，這是對優秀人才提供更好的工作條件，但其他經理，連同其他部門的人員，卻對此多有怨言，只是怕老闆認為他們是嫉妒，故而沒有公開抱怨。不過，積怨太久總是要爆發，終於，有一件事成了導火線。

　　一次，老闆把一個大單交給小王去完成，小王知道這個訂單對公司十分重要，不敢怠慢，馬上投入到緊張的工作中。可是，正當小王已經把訂單做了一半的時候，老闆卻突然下令要求他把這筆單子移交給昱州。

　　接到命令的小王氣得不行，立刻放下手頭的一切工作去找老闆理論。老闆知道他的來意，所以也不跟他客套，直接切入主題：「客戶那邊出了些狀況，要求我們提前半個月完成這筆單子，你的工作效率一向不高，所以我決定讓昱州接手這個訂單。」

小王不服氣地說：「這筆訂單我是從頭開始做的，已經熟悉了整個流程，現在要我放棄，豈不是前功盡棄了嗎？」

老闆滿不在乎地說：「不過才開始嘛，我現在就安排新的工作給你，你就把這筆訂單交給昱州處理，他們會做得更好。」言下之意，自然就是昱州比他更能幹，小王十分憤憤不平：「我之前已經投入了這麼多心血，憑什麼要我把訂單交給昱州？他一定能比我做得好嗎？」

老闆冷笑著說：「你的工作效率不高就是不高，做得再好又能怎樣？再看看人家昱州，不論什麼工作，他完成得都比你快，而且結果並不比你差。你也別不服氣，他的能力比你強，所以這個訂單由他來接手處理！」

「那是因為你分配給昱州的工作相對簡單，而我的工作難度偏高，所以效率有些慢是很正常的事情，這不是衡量優秀的標準！」小王對老闆往日偏心的不滿終於在這一刻爆發了。

一聽這話，老闆怒不可遏地朝小王吼道：「你這叫什麼話？你難道不懂得尊重上級嗎？我這麼做自然有我的道理，你照我的話做就行了！」

對於老闆的強橫，小王雖然沒再反駁，但他卻把一腔怒火都發洩到昱州身上。自從昱州接手單後，問及案子的具體細節時，小王不僅不告訴他，反而想盡辦法製造難題給他。昱州又氣又急，但又無可奈何。雖然最後訂單按時完成了，但漏

洞百出，客戶對此大為惱怒，老闆不得不賠償客戶一定的經濟損失。

為什麼不能這麼說？

臨陣換槍讓員工不服氣的同時還會造成他與接手工作員工之間的糾紛。

老闆往往都喜歡優秀的員工，尤其是愛才的老闆，更偏愛德才兼備的員工。因為這種的員工不僅能力出眾，而且懂得知恩圖報，能與老闆同舟共濟，患難與共。能得到這種的員工自然是老闆的幸運。但值得注意的是，老闆要讓其他員工知道你的「偏愛」並不是出於一時情感衝動，而得到你「偏愛」的員工確實有過人之處。比如，注重細節，做事沉穩，富有智謀等。當你把你「偏愛」的標準公之於眾之後，就給了其他員工公平競爭的機會，與得到老闆「偏愛」的員工相比，他們就會意識到自己的缺點，也會努力完善自己，爭取得到你的「偏愛」。有時候，這種「偏愛」能形成一種良性競爭，促使員工們互相督促進步，也是一種好事。

案例中的老闆對昱州的「偏愛」顯然夾雜了自己的情感，分配給他的工作任務也相對簡單，而小王的工作則比較難一些，這種工作難易分配的不公自然會造成他們截然不同的表現，顯然，這是一種不公平的做法。而這種不公平直接造成小王不斷給接手訂單的昱州製造麻煩，結果給公司造成損失，可

謂得不償失。

另外，老闆如果對員工過度「偏愛」，則會讓一些有心員工做一些表面文章來迎合老闆，比如根據老闆的喜好做事、拉攏老闆身邊的人、不斷誇讚老闆的功績。如果長此以往，公司內部便會滋生浮誇的風氣，大家都不願意埋頭做事，都想方設法得到老闆的「偏愛」，以期得到升遷加薪的機會。

所以不管是出於什麼原因，老闆都應該明白，個別員工無論多麼優秀，一個企業也不可能憑一個兩個員工來支撐。即使要想用「偏愛」在公司內製造競爭，也要在保證公平的前提下進行，這樣才能避免員工之間產生矛盾。

那我應該怎麼說？

你可以這樣對員工說：「客戶要求我們提前半個月完成訂單，雖然時間很緊迫，但我相信你依然能夠按時完成，只是可能壓力會大一些。如果你願意，我可以讓昱州當你的副手，協助你工作，只要你們齊心協力，一定可以更完美地完成訂單。」

老闆對昱州的「偏愛」已經讓小王心存芥蒂了，如果此時再讓昱州接手他的工作，小王自然不肯答應。所以，讓小王為主，讓昱州為輔共同完成工作會讓小王覺得受到了老闆的重視之外，在工作磨合中，小王也會逐漸發現昱州的過人之處，明

白老闆偏愛他的原因，這樣一來，在訂單順利完成的同時，也會讓小王消除對老闆偏執的看法。

員工的第 32 道陰影：
替我注意一下他

　　宋偉哲是一家集團下屬的分公司經理，最近公司高層發生人事變動，更換了副總。副總剛上任沒幾天，宋經理就在一次工作會議上頂撞了副總，弄得副總下不了臺。對此，副總耿耿於懷，私下終於說服老闆把宋經理調任另一家分公司，然後由副總的老部下周志文接替宋經理的職位。分公司雖然隸屬集團，但業績和地位都無法與比宋經理之前待過的分公司相比，而且薪資和福利也差很多。因此，雖然是表面上的平級調動，實際上宋經理相當於是被降職。

　　宋經理在分公司的這幾年裡，雖然擁有集團各種豐富的資源，卻一直沒做出什麼太大成績，只是維持公司正常運轉。老闆覺得宋經理除了魄力不夠之外，對他也沒有什麼不滿，可是副總為了換掉他，透過各種途徑製造了一些對宋經理的傳言，正所謂「眾口鑠金。」老闆此時也不免有所懷疑，因此也認為有必要讓周志文替代宋經理，說不定能提升分公司的業績。

周志文走馬上任之際，老闆對他說：「你接替宋經理的位置後，替我注意一下他，我很想知道公司業績上不去的原因。」周志文聽後，心中一陣暗喜。原來，副總和周志文心裡都明白，公司的不少人對宋經理的調任感到十分突然，大家認為宋經理是公司的老員工，一直兢兢業業，公司現在這麼對他，未免太不公平了。正是考慮到這些，周志文認為必須抓住宋經理在工作上的漏洞，以此向別人證明自己替代他的位置是合理的。如今，老闆的這番話不正是給了他這樣一個機會嗎？

　　到了分公司之後，周志文馬上帶人從財務部的帳目開始查起，凡是涉及到公司業務方面的資料，他都沒有放過。經過半個多月的調查，周志文終於找到了宋經理的各種「罪狀」，並當眾公布：某年某月宋經理決策投資的專案遭受了怎麼樣的損失；某年某月，宋經理批准購買了一批品質不太好的原料，而供應商則是他的同學的什麼親戚……這些事情，員工有知情的，也有人聽說過隻言片語，但不論怎樣，大家對一向正派的宋經理竟會做出這麼大的弊案感到驚訝不已。周志文還鼓動員工多方檢舉宋經理的不法行為，並煞有介事地聲稱：「如果大家檢舉屬實，就是為公司挽回損失，公司不會虧待大家的。」

　　之後，周志文將關於宋經理在任期間所有的失當之處寫成報告交給了老闆。老闆看過報告，勃然大怒，認定宋經理是公司的蛀蟲，馬上下令辭退了他。

而分公司這邊，在周志文的慫恿之下，員工們告密成風，拉幫結派也極為嚴重，大家也無心埋頭苦幹，業績較之前下降了很多。

為什麼不能這麼說？

　　老闆讓心有所圖的員工去調查自己懷疑的員工，即使被懷疑者清清白白的，也難逃被是非纏身的命運。

　　公司發展到一定規模後，公司內部人員眾多，情況複雜，相信一個無中生有的謠言，就可能會對一個人甚至一個團隊造成傷害。所謂：「謠言止於智者。」面對關於員工的謠言，老闆在沒有作深入的調查之前，要做到可不全信，也不可不信，即保持中立態度。因為沒有客觀的事實依據，再精明的老闆也會有判斷失誤的時候。所以，為了保證調查的公正性，老闆在了解員工的工作狀況的時候，應該採用公平透明的方式，而非鼓動員工私下告密。退一步說，老闆即使要假手他人查探員工的情況，也需要派遣能站在公正立場的人，用公開的方式進行調查。如果縱容有目的性的人私下查探，必然為造謠生事的人打開方便之門。

　　案例中的老闆從副總的口中得知關於宋經理的謠言之後，本應該找宋經理談話，讓其彙報工作情況，澄清謠言，讓大事化小小事化無，這樣副總就無法讓周志文替代宋經理。然而，不明真相的老闆不僅開始相信謠言，甚至讓周志文替他去了解

宋經理的工作情況。周志文正愁找不到向其他人證明自己替代宋經理的理由，而老闆的話猶如給了他一把尚方寶劍，使其雞蛋裡挑骨頭地找到了宋經理工作上的把柄，最後弄假成真，讓宋經理含冤離開了公司。

老闆在聽到員工做出對公司不利的事情的謠言固然氣憤，但也不能在失去理智的情況下做出決定，因為你一句還沒經過深思熟慮的話，往往會給一些心有所圖的員工帶來可乘之機。

那我應該怎麼說？

你可以這樣對員工說：「你去分公司上任後，整理出宋經理在任兩年中每個月的財務、業務等資料，務必要面面俱到。到時候，我會專門組成一個調查小組，前去調查相關情況。」

你這麼說，就能讓周志文沒有機會刻意追查宋經理的失當之處，同時你又強調限定在每個月要核查相關資料，這樣就能更客觀地評估宋經理的具體工作以及失誤。此外，調查小組成員應該由與當事人以及周志文不太熟的員工擔任，這樣在調查工作中，他們會始終保持一個公正的態度，不偏不倚，最終還原真相。

員工的第 33 道陰影：
你們要互相監督

　　鄭佑行一直是老闆很器重的員工，最近又升他為助理，還特別囑咐他：「現在提拔你當我的助理，除了要做好本職工作之外，還要注意張經理的工作情況，要知道，他掌管的業務部是公司的重中之重，所以你們之間要互相監督，這樣才能避免工作出現失誤。」

　　一次，老闆安排鄭佑行協助張經理共同與一位客戶洽談業務。一天，張經理在外面辦完事後，已經下午五點了，他忽然想到昨天客戶向他要公司的資料，他答應今天派人送過去，於是連忙打電話詢問客戶是否收到資料，客戶說並沒有見到他們公司的人來過。張經理聽後，連忙道歉後，答應盡快送去。

　　想到昨天自己明明囑咐鄭佑行盡快整理出客戶需要的資料，並在第二天派人送過去，現在看來鄭佑行沒有把此事放在心上。於是，張經理馬上打電話回公司，詢問沒送資料的原因。鄭佑行輕描淡寫地回答說：「資料還沒有整理完呢，有些東西不方便讓客戶知道的，要先刪除，然後還需要請老闆過目才行。」

　　張經理一聽這話，盡量壓著心中的火氣對鄭佑行說：「我已經答應今天將資料送給客戶，可是對方等了一天也沒等到，

這恐怕不太好吧？況且，客戶要看的資料很簡單，整理出來不需要一天時間吧？」

「是這樣，今天老闆另外交代了我工作，我先忙著那件事，所以就耽誤了這件事。」鄭佑行依然口氣輕鬆的說。面對如此回答，張經理也無可奈何，只好問：「那現在資料整理好了嗎？」

「差不多五點半就能整理好，但那時公司已經下班了，我明天找人送吧。」面對鄭佑行各種推託，張經理口氣不由得強硬了起來：「客戶現在就等著要呢，明天送去就耽誤事情了，你還是今天送去吧。」

電話那頭的鄭佑行沉默了幾秒後，又說：「我必須準時下班去辦一件急事。」鄭佑行的敷衍態度差一點就讓王經理爆發了，但他還是努力控制住自己的情緒，說：「那你把資料放在我辦公室，我等一下回公司拿。」

張經理急忙趕回公司，公司已經空無一人，他也來不及喘口氣，就馬不停蹄地把要給客戶的資料送去。在回家的路上，張經理越想心裡越不是滋味，想把此事告訴老闆，但轉念一想，如果讓老闆替自己出頭，未免顯得自己太缺乏管理能力。於是，他決定親自找鄭佑行談一談。

第二天，張經理來到公司，進了鄭佑行的辦公室，盡量用客氣的語氣對他說：「昨天那份資料我已經交給客戶了，客戶

也十分滿意，這是一件讓人高興的事。不過，你以後如果有什麼事，最好事先告訴我一下，這樣我才好安排你的工作。」鄭佑行心裡十分清楚張經理還對昨天的事耿耿於懷，現在見他用主管的口吻來跟自己說話，自然很不服氣，便當即頂了回去：「你也知道老闆事務繁忙，經常突然交代我工作，所以我無法滿足你的要求。」

　　張經理見鄭佑行又抬出了老闆壓自己，終於忍不住爆發了：「你這種態度會耽誤公司業務的，就像昨天如果不是我及時跑了一趟，要是耽誤了事，誰來負責？如果你不配合我，我怎麼安排你的工作呢？」

　　聽了張經理的話，鄭佑行並不為所動，語氣強硬的說：「我是老闆助理，我的工作還輪不到你安排！」張經理簡直被鄭佑行的話氣瘋了，他瞪著眼睛說：「老闆派你協助我的工作，你就必須聽我的安排！」

　　「真是笑話！」鄭佑行突然笑了起來，「誰告訴你協助就等於我是你的下屬？我的工作都是由老闆安排的，更何況老闆跟我說，我們不是主從關係，只不過是互相督促而已，別以為當了經理，就當自己是什麼大人物了。」

　　張經理頓時愣住了，老闆背地裡竟然和鄭佑行說過這樣的話，原來所謂的讓鄭佑行協助自己，不過是為了讓他和自己互相監督。

此後，張經理盡量不指派鄭佑行做事，而自己一旦要做什麼事時，就總覺得身旁有人在看著自己，不知道自己的舉動會以怎樣的方式傳到老闆那裡。一段時間後，張經理便辭職了。

為什麼不能這麼說？

你這麼說，會讓助理覺得自己可以以上級的姿態來面對經理。

下屬之間能否和諧相處，主要取決於老闆的態度。同樣兩位下屬，如果老闆不能公平對待，而是爭取一方的忠誠卻監督另一方，那麼被監督者肯定難以忍受。特別是職位較為平等的下屬，本來互相之間就有較勁的心理，有意無意中，他們都會爭取自己的主動權，以便於工作順利進行，這樣一來，雙方難免會產生矛盾。正如案例中的老闆，表面上是讓助理鄭佑行協助張經理的工作，暗中卻讓他監督張經理；而張經理則理所當然地認為，既然老闆讓鄭佑行協助自己，他自然就有權利管鄭佑行。如此一來，雙方都站在自己的角度理直氣壯地不服彼此，造成對立。

能坐上經理的位置的人不論能力還是經驗，都要比普通員工更高一籌，所以，老闆應該給予他的是信任和關注，而不是擔心其工作做不好，再派他人去監督。不論是誰，都無法接受在別人的監督下工作，因為這意味著已經失去了老闆的信任。

所以，老闆要學會信任下屬，在其工作過程中，可以詢問是否有困難，也可以詢問工作進展，但千萬別再讓協力廠商插足監督。如果老闆覺得有必要幫助下屬，那麼你大可明確地告訴下屬除了正常的協助工作外，必要時也要讓聽命於被協助的下屬。否則，無謂的監督除了造成下屬之間對立之外，再無其他作用。

那我應該怎麼說？

　　你可以這樣對員工說：「你是我的助理，我不在的時候，你可以代我行使一些權利，尤其是對於張經理，他的業務部對公司很重要，在工作上，你適當給予他一些協助，必要時也要聽從他的安排。」

　　你這麼說，也就是表明了你的態度：絕對不允許員工之間發生對立。而下屬也明白你是出於公司發展的考慮，絕不是說說而已。所以，他自然會清楚自己的位置，盡心盡力地做好自己的本職工作，自然就不會跟同事產生衝突。

員工的第 34 道陰影：
你到底站在哪一邊

　　李俊佑大學畢業後工作了幾年就辭職了，籌措了一筆錢和兩個好兄弟姜倫政和吳仲廷一起創辦了一家廣告公司。俊佑讓仲廷負責業務、倫政負責企劃，自己則主要負責內部行政管理。三人各司其職，同心協力，公司很快就做得風生水起，在業內也漸漸有了名氣。

　　可是，時間一長，俊佑卻對自己目前的處境有些不滿了。原來，由於俊佑只負責公司行政管理，極少露面，所以外界都認為公司只有仲廷和倫政兩個老闆，對俊佑的情況知之甚少。正是因為這樣，俊佑才感覺自己受到了冷落。

　　一天，一位客戶來公司談業務，這本該仲廷負責接待，可正巧他出差去了，所以由俊佑來接待他。誰知，客戶見俊佑是生面孔，以為他是公司的工作人員，開口就說：「仲廷呢？我找他談事情。」

　　「他出差了，有什麼事和我說也是一樣。」還未等俊佑把話說完，客戶就打斷他說：「那可不行，我要談的可是一筆大生意，恐怕你做不了主。要不，請姜經理出來吧，我和他談談。」

　　俊佑不由得皺著眉頭強調說：「你口中的姜經理外出辦事

了，而且我從來沒有任命倫政做經理，我才是這家公司的老闆，你有什麼事情就和我談吧。」客戶這才驚訝地重新上下打量俊佑，起身和俊佑握手，算是正式認識。

　　在接下來的交談中，俊佑才知道客戶是一家非常有名的大公司的代表，所做的專案數額驚人，只是對方要求比較苛刻。但俊佑認為如果能做到這樣的大公司廣告，對公司的聲譽有好處，即使少賺點也不要緊，所以他決心接下這筆業務。

　　倫政回到公司，俊佑就召集幾個公司的管理人員開會，會議上表明要爭取這個大客戶，並且要倫政立即為這位客戶做一個企劃案。倫政問清楚他們談判的情況，說：「這位客戶雖然名聲大，表面上支付金額也不小，但他們的要求實在太多，恐怕就算做下來，我們公司也沒有什麼賺頭。」俊佑就把之前的想法講了出來，說之所以接這個專案，也是為公司打廣告。

　　倫政考慮了一下，雖然覺得俊佑的話有道理，但還是提議請財務部的核算一下成本再作決斷。

　　散會之後，俊佑找來了財務經理和另兩管理人員，對他們說：「這次的業務確實有一點困難，但我認為都可以克服。我們要放長線釣大魚，抓住這個大客戶，以後他們就會和我們長期合作，而且這對其他公司也有帶動作用。我這都是為公司的前景著想。可是有些人一聽到就開始反對，是不是不願意我接下什麼大生意？你們都是公司的主要幹部，你到底站在哪一

邊，都要考慮清楚了。」

聽老闆這麼一說，幾個經理都是聰明人，立刻心領神會。在隨後的業務例會上，幾位經理站出支持俊佑的意見。於是，公司做了很大的讓步簽下了合約，並由倫政來負責這個專案。

由於錢少事多，倫政雖然費了不少心力，最後做完這筆生意，公司還是略有虧損，這在公司開創以來可是從來沒有過的事，公司員工們議論紛紛，有些人甚至開始懷疑倫政中飽私囊，致使公司虧損。這個謠言馬上傳遍了整個公司，本來就有些自責的倫政現在又被謠言中傷，傷心的他最後選擇了辭職。

等仲廷出差回來，公司人事狀況已經面目全非。他與倫政長談後，也自動退出了公司。倫政和仲廷的事在業界傳播開來，新客戶都不願意上門，這家廣告公司也逐漸衰弱。

為什麼不能這麼說？

你這麼說，會讓員工感到左右為難，因為他誰也不能得罪。

對於初創企業來說，包括企業的發展方向在內的制度、文化等多方面內容都處於摸索階段，而在這個期間也最容易出現各式各樣的問題。比如，創始人與合作夥伴在某方面問題產生巨大分歧，進而造成矛盾，在不斷的內耗中給企業帶來損失。案例中的俊佑作為公司的第一創始人，因工作關係，沒有

拋頭露面的機會，以致於外人認為公司只有倫政和仲廷兩位老
闆。這讓俊佑心裡非常不平衡，覺得自己的合作夥伴搶了自己
風頭。而從後來他否認客戶倫政是企劃經理的說法，就可以看
出，俊佑視權如命，表明上將倫政和仲廷當作合作人，可內心
裡還是視他們為下屬，因為他從未任命過這二人任何職務，只
是分別讓他們負責企劃和文案工作。

　　所以，當公司員工以及外界約定俗成地把倫政和仲廷當作
公司老闆時，俊佑就開始不滿意了，不惜在賠錢的情況下親自
與客戶談合作，並以此為籍口，要求員工支援他達成專案的合
作。雖然俊佑最後如願達成專案，卻因此造成二位合作夥伴離
職，並造成公司的損失，可謂自食惡果。

　　創業公司的上層政治很容易引發員工們選邊站的問題，一
般埋頭於事業的員工都不會喜歡參與複雜的人事糾紛。若老闆
再對員工加以暗示或明示，要求他們參與，則會令喜歡生事的
人雀躍不已，卻令有心工作的人感到困擾。

　　如果企業的人事紛爭如火如荼地進行，不但會使內部的員
工關係變得一團亂，也會使客戶們害怕，因為誰都不願意與一
個內部紛爭不斷的公司合作。

那我應該怎麼說？

　　你可以這樣對員工說：「我對具體業務不太擅長，所以我

希望你們能協助倫政完成這次預算，最後究竟與客戶是否達成合作，全由倫政決斷。另外，我會正式任命倫政為企劃經理、仲廷為業務經理，你們以後務必要配合他們的工作。」

作為創業公司的老闆，首先要有一顆博大的胸懷，尤其要充分信任合作夥伴，充分授權，只有如此，合作夥伴才能放開手腳工作。當你向員工表明這種態度後，員工自然明白你們是各自做自己的擅長的工作，互不干涉。這樣一來，他們自然會公事公辦，積極配合上級的工作。

員工的第 35 道陰影： 你不努力，升遷的就是他

瑞達公司的業務部經理升任副總，經理的位置空了出來。老闆想從業務部裡提拔一個員工擔任經理，思來想去，他覺得昱廷是最有擔任經理的潛質。昱廷來公司已經三年了，從業務員做起，到現在一直風雨無阻、任勞任怨的開發新客戶、鞏固老客戶，最後成為公司的明星員工，而且在日常工作中，他也顯示出天生的領袖氣質，這一點尤為可貴。

雖然老闆認定昱廷是經理一職的不二人選，但覺得有必要在業務部裡製造一些競爭的氛圍，讓昱廷始終保持一種危機

感，從而能夠更好地工作。於是，除了昱廷之外，老闆又安排了一位經理候選人駿和，並私下暗示昱廷，只要他在接下來的幾個月裡仍然能保持出色的業績，就提拔他當經理。

這幾年來，昱廷一直努力工作，就是自信自己終有一天會走上管理職位。現在機會是來了，但沒想到，想要當上經理還要過老闆最後一關。對於老闆的安排，昱廷雖然心裡不太愉快，但又無法辯駁，只得遵照老闆的意思，再等幾個月。

而對於駿和來說，此事對他影響也很大。論資歷，他比昱廷還要早進公司幾年，但業績卻比昱廷稍遜一籌，但是老闆既然作了如此安排，就說明他有機會，所以不論結果如何，他都要努力爭取一下。可是，在短短數月之內，如何做到提升自己的業績，甚至超越昱廷呢？

絞盡腦汁的駿和決定請剛剛升任副總的表哥幫忙。駿和知道，表哥升任副總之後，身分水漲船高，不論公司大小事務，他都有絕對的發言權。而駿和就是想透過表哥讓自己負責幾個成熟的市場，以便盡快做出成績，而讓昱廷去開發幾個偏遠區域的新市場。起初，副總認為駿和是在玩火，堅決不同意，但在駿和的央求之下，礙於情面，副總還是答應了他的要求。

昱廷接到調任的命令後，心中不免有所懷疑，但轉念一想，如果能在新市場做出成績來，不也能很好地證明自己的實力嗎？於是，他便打消了一切疑慮，準備投入到新的工作當

中。可是令他沒想到的是，新市場的開拓工作遠沒有當初他設想的那麼簡單，因當地的消費水準以及人們的消費觀念，公司的產品在這裡根本沒有一點銷路。

幾經嘗試無果的昱廷，只好詳細寫了一份報告遞交給老闆，希望老闆能放棄其中沒有什麼希望的市場，把精力集中到別的地方。誰知，老闆看了他的報告之後，十分不滿意，打電話給昱廷說：「新市場的開發是公司制定的策略，所以絕對不能放棄。我認為以你的能力，很快就能打開市場，不要因為碰到困難就輕易放棄。另外，我告訴你，駿和這個月的業績可是十分出色，你們兩個都是經理的候選人，如果你不努力，升遷的就是他。」對於老闆的不理解，昱廷十分委屈的說：「駿和負責的市場本來就很成熟，不論派誰去，都可以做得很好。而我負責的市場確實沒有什麼開發潛力，不值得我們在這上面投入這麼多。」

昱廷的話更讓老闆認為他是在找藉口，便用不容置疑的口氣說：「你根本不懂策略，怎麼知道沒有潛力呢？副總是策略高手，我們早就研究過，新市場值得我們去開發。」一聽老闆這麼說，昱廷馬上就明白把自己調任到新市場完全是副總的主意，再聯想到駿和與副總的關係，老闆不滿意他也顯得十分合理。

昱廷最討厭被人牽著鼻子走，他想你副總既然用這種方式

對我，那我也沒有必要退讓了，於是他主動出擊，先是找到公司一直很欣賞自己的董事，向他痛陳開拓新市場的各種弊端，然後又向自己的校友──老闆的助理溝通，希望他能找機會把真實情況告訴老闆，最後，他還宴請了幾個平時關係不錯的同事，以獲得他們的支持。

昱廷的行動引起了公司高層的重視，在隨後的公司業務會議上，雖然昱廷沒有參加，但一番激烈的討論之後，最後決定放棄新市場開發的計畫，將昱廷調回公司。

昱廷雖然順利度過這個危機，但畢竟沒做出什麼業績，而駿和雖然做出了成績，但因大家都知道他只是撿了個便宜，自然無法論功行賞。於是，老闆只好把晉升經理的事情往後延，從此，昱廷和駿和的矛盾逐漸加深，甚至開始互相拆對方的臺，嚴重損害了公司的利益。

為什麼不能這麼說？

在同一職位的兩個候選人之間製造競爭，將會引起無端的爭鬥。

競爭是一把雙面刃，利弊兼有。如果利用的好，就能使員工深挖潛能，努力工作，突破自己的同時，也為公司創造了價值。良性的競爭，不論對員工還是公司，都能得到成長和發展。反而，利用不當，惡性競爭會像惡魔般吞噬一切和諧，員

工內耗不斷，最終受損失的還是公司。

　　案例的老闆本想利用升遷機會促進兩個候選人的積極性，可最後弄巧成拙，反倒在他們之間製造了問題，因競爭雙方的實力都很強，能爭取到各自的支持者，所以最後的結果是由兩個人的爭鬥升級到兩個陣營的對立。

　　老闆面對同一職位的兩個候選人，應該盡快決定提拔誰，而用一方去刺激另一方不僅難以發揮激勵作用，反而會引起後者的提防心理。尤其是一方為了得到升遷的機會而設計陷阱卻被另一方發現時，後者必然會予以反擊。從某種意義上，老闆一句「你不努力，我就升他為經理」是製造雙方矛盾的加速器。

　　由此可見，一個公司內部的競爭必須是有限度的，而且競爭不能用在任何地方。尤其是在升遷的問題上，一定要慎之又慎。為了公平起見，老闆可以可以用匿名投票方式從幾位候選人中挑出一位來擔任新職位，或者如果你心目中有了人選，可以直接提拔他。不論用哪種方式選拔，都要盡快執行，以防夜長夢多，無端產生諸多是非。

那我應該怎麼說？

　　你可以這樣對員工說：「經過慎重考慮，我認為你在公司這幾年表現很優秀，所以任命你為經理，任期一年。一年之後，如果你依然這麼優秀，就可以連任甚至還能再升一級。反

之，我會透過公開選舉的方式，再選一位經理。」

　　你這麼說，一方面能給對經理一職期許已久的昱廷吃了一顆定心丸，使他能安心工作。另一方面，你用一年時間對他進行考察，並許諾表現好依然可以連任或者再進一步，這會在相當程度上發揮激勵作用，昱廷也會為之付出努力的。

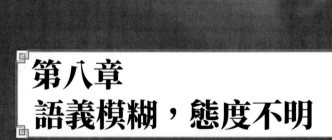

FIFTY SHADES OF SPOILED BOSS

第八章
語義模糊，態度不明

員工的第 36 道陰影：
這件事具體怎麼做，就不用我說了吧

　　仁豪收購金都飯店不久後，飯店就承接了一個 IT 業大型會議，參加來賓的都是知名企業的大老闆。仁豪知道如果這次接待成功，會對飯店的聲譽大有好處。因此，他召集飯店所有的管理人員開會。在會議上，仁豪先不斷重申此次接待的重要性，要求所有的管理人員不能掉以輕心，最後他才鄭重的對大家說：「這件事具體怎麼做，就不用我說了吧？」大家面面相覷了一下，才響起零零落落的回應。

　　各個部門的負責人緊鑼密鼓帶領員工精心準備了一個星期，把客人的接送、住宿、用餐等事務都安排妥當。儘管如此，在客人們報到入住的前一天，還是有些放心不下的仁豪親自來巡查。

　　在大廳轉了一圈的仁豪很快就發現了問題，並叫來大廳經理，指著歡迎布條質問道：「這個布條為什麼這麼小？難道我沒強調過這次的客人很重要嗎？布條做得這麼小，怎麼能讓客人感到的我們的誠意呢？」

　　大廳經理解釋說：「我們飯店自開張以來，用得就是這麼大的歡迎布條啊！」

　　「那是以前，能和現在比嗎？現在我們接待的是什麼客人

你不知道嗎？」仁豪對大廳經理的解釋十分不滿意。

「我也知道這次客人很重要，可是這是飯店接待客人的最高規格了，以前接待普通客戶時，歡迎詞還寫在玻璃板上呢！」大廳經理強調說。

面對大廳經理無可辯駁的回答，仁豪又急又氣，這才想起來當初開會光顧著強調這次接待的重要性了，反倒忘記自己初來乍到，對飯店的現狀不熟，又沒制定詳細的接待要求，才導致出現這種情況。想到這裡，仁豪意識到可能所有的管理人員都是按照飯店過去既定的規矩來籌備接待事宜，那樣肯定不符合自己的要求。於是，他馬上命令大廳經理立即制定更大的歡迎條幅。

之後，仁豪馬上巡查其餘部門。果然不出他所料，所有的部門經理都是按照過去飯店最高接待規格來布置飯店的，而在他看來，這種接待規格只能算中等，完全不適用將要接待的客人。於是，他又下令讓各個部門按照自己的要求去重新布置飯店。

於是，飯店上下都忙得人仰馬翻，人人抱怨仁豪沒有事先交代清楚。好在大家齊心協力，終於將飯店重新布置完畢。

雖然第二天飯店在迎接客人時沒出什麼錯，可是客人在用餐時卻發現其中一道菜有異味。原來，仁豪為了展現飯店對客人的敬意，特意增加了幾道新菜。採購部的員工為此跑了大半

夜，勉強將食材買齊，由於時間緊迫，廚師也沒來得及仔細檢查，就做成菜給客人端上了桌。那位客人雖然沒太追究此事，但飯店用變質的食材消息還是不脛而走，一時輿論譁然。儘管仁豪出面再三澄清事實，也於事無補，飯店的生意自此一落千丈。

為什麼話不能這麼說？

只是一味強調事情的重要性，最後下達的模糊命令，員工必然會執行不到位。

老闆在下達命令一定要明確，不能模稜兩可，只有這樣員工才能有目的地按照你的要求去做事。有的老闆在批示中常喜歡用「也許」、「可能」、「大概」等字眼，這往往會令員工不知所措。比如：「明天有個會議，也許你應該去聽聽。」在員工聽來，好像和自己沒有太大關係，可去可不去。可是，如果不去的話，又怕是重要會議；但如果去的話，又怕會議空洞無聊，耽誤了其他事情。而員工總是不能問老闆：「『也許』到底是應該去還是不去呢？」這麼問，一來會給老闆留下沒有主見的印象，二來會讓老闆覺得員工是在指責自己指令不明確。

案例中的員工們同樣被老闆的模糊命令弄得手足無措，但又不敢發問，最後都按照飯店過去的規矩辦理接待事宜，結果與老闆的期望產生了嚴重的偏離。其實，這些員工並沒有錯，他們接到命令後，關注點第一時間都放在了如何完成任務上，

而老闆卻沒有考慮到自己的要求是否和飯店原來的接待規矩是否有偏差，所以，最後的結果都是由老闆一手造成的。而要想避免出現這種結局，老闆就該提前交代此次接待的目的是什麼，制定這樣一個明確的目標十分重要。因為目標是一項工作的基礎，當目標明確了，員工們心裡便有了一個清晰的方向，就是全力以赴地實現它。所以，與其花費更多時間、精力和財力，去改正正在進行的工作中出現的問題，不如透過事先的規劃避免問題的出現。

那我應該怎麼說？

你可以這樣對員工說：「此次飯店接待工作繁雜，為了防止在工作中出現偏差，我會將具體要求寫在書面上，大家人手一份，務必按照上面的要求去做。」

下達命令時不僅要明確，而且還要包括做事的目的、內容及有關的時間、地點以及建議的處理方法等。此外，還要注意要使你的命令適合要做的工作；使用簡單明瞭的詞語和術語；要點要集中。

員工的第 37 道陰影：
全交給你了

　　鄭老闆經營著一家食品公司，生意不錯，春風得意的鄭老闆平時除了與客戶吃吃飯、喝喝茶之外，還不時出國旅遊一趟，日子過得十分愜意。

　　然而好景不長，這一年一家食品公司異軍突起，直接加入競爭，企圖與鄭老闆瓜分食品市場。先前幾乎壟斷整個食品市場的鄭老闆被對手打得措手不及，動員公司員工應對這場戰爭。

　　在接下的時間裡，包括鄭老闆在內的公司管理人員幾乎每天都熬夜開會商議如何打贏競爭對手。而競爭對手也不甘示弱，往往是鄭老闆剛公布一項計畫，對方就針鋒相對一一破解。雙方你來我往，殘酷的競爭一直持續到年底，鄭老闆和除了要應付競爭對手之外，還要抽出時間去見客戶以及代理商，幾乎忙得沒有時間睡覺。而這時元旦將至，鄭老闆想借此機會制定一個促銷方案，希望能夠很好地還擊競爭對手。可是思來想去，公司的管理人員都和自己一樣忙得焦頭爛額，該讓誰負責策劃這個重要的方案呢？

　　正當鄭老闆心煩意亂的時候，策劃部的小馮前來彙報他交代的事情。聽完彙報的鄭老闆覺得小馮辦事有條有理，說話條

理清晰，而且是企劃出身，不正是最適合完成促銷方案的最佳人選嗎？想到這裡，鄭老闆頓時打起精神對小馮說：「事情辦得不錯，我很滿意。現在還有一個重要任務要交給你，現在元旦快到了，我要你在這之前做出一個促銷方案，我們要利用這個機會壓倒競爭對手的氣勢，一定不能讓他們占了上風。」

小鄭沒想到老闆這麼器重自己，竟然沒有透過自己的經理就直接把這麼重要的案子交給自己來做，激動得話都說不清楚：「我一定會努力做好這個方案的，請您放心吧。」

小鄭的表現讓鄭老闆十分滿意，他說：「那好吧，這件事情就全交給你了！」說完，鄭老闆朝小馮揮了揮手，讓他先回去，自己接著忙自己的工作。

隨後的幾天裡，為了不辜負的厚望，小馮把所有的精力和時間都用在了促銷方案的構思上，終於在元旦的前一天完成方案並將方案發給了各大賣場，要求他們務必嚴格按照方案銷售食品。

元旦期間，鄭老闆看到各個大賣場的促銷廣告時，不禁大吃一驚，因為這個方案雖然能有效帶動銷售，但是由於方案過於優惠，導致公司只獲得了微薄的利潤，而除了一切成本費用，公司則是虧損的。雖然在促銷期間，鄭老闆的公司有力地打擊了競爭對手，但代價是殺敵八百，自損一千。

在鄭老闆看來，這個方促銷方案無疑是自殺行為，他找來

小馮，對他發了一頓脾氣，罵他愚蠢至極。為此，小馮倍感憤怒和委屈，雖然最後他沒有離開公司，但在日後的工作中，從此一蹶不振，再也沒有往日的積極性了。

為什麼不能這麼說？

在授權之前，沒有說清楚自己的授權目的，員工在實際工作中，自然難以達到你的要求。

任何一位老闆都希望自己公司能夠基業長青，永存不衰。但是公司往往事務繁雜，老闆就算能力再強，也無法做到面面俱到。而公司要想得到更長遠的發展，老闆就必須讓員工替自己分擔一些事務，從而讓自己有更充裕的時間去思考公司的未來並制定發展策略。而要做到這一點，老闆就要學會授權。授權二字承載著信任和期望，一旦授權給員工，老闆就要放手，不再干涉員工的工作。但授權是神聖的，若不在特定的場合鄭重地授權給員工，或者沒有表達清楚授權的目的和原因，那麼員工只能感受到壓力而非榮耀。

案例中的鄭老闆看到小馮的工作執行結果偏離了自己的預期時，一定會後悔當初授權於他了。其實授權本身沒錯，錯在授權在一個非正式的場合進行 —— 鄭老闆將授權的指示傳達給小馮時，沒有讓他完全明白所授工作的目標，以及所要承擔的責任是什麼，這種匆忙的授權結果直接導致小馮的工作結果偏離了鄭老闆的預想，給公司帶來了無可挽回的損失。

有些老闆為了減輕自己的工作負擔，很願意授權給員工，而且在準備授權給員工之前，他們往往已經有了詳細的計畫，並鎖定了被授權的人選，但最後往往因授權不正式而導致功虧一簣。授權並不是說一句話那樣簡單，老闆授權給員工的同時，就意味著員工已經擁有一定的決策權和處理資源的能力，一旦員工沒有真正領會老闆授權的目的，那將會為公司帶來不可預估的損失。如果這種結果是因為老闆沒有向員工傳遞充分的資訊所導致，那麼老闆也有一定不可逃脫的責任。

　　所以，在授權之前，老闆一定要考慮到如果員工被授權從事某項工作，他們會得到哪方面的支援和資源以及一部分的權利，同時還要預測員工將會遇到什麼困難和責任，做到未雨綢繆。當所有的問題都有了答案之後，老闆才可以授權給員工。

那我應該怎麼說？

　　你可以這樣對員工說：「我會圍繞你臨時成立一個企劃團隊，由你擔任組長。而促銷方案必須在元旦之前完成，優惠的底線是不得低於競爭對手的百分之五。另外，我會在全體員工會議上宣布這一任命。」

　　老闆進行授權時，首先要清楚地向員工表明你想要達到的工作目標，這樣員工才能根據你的目標制定工作計畫。其次，要為授權的工作設定一個完成期限，如果時間不明確，員工便會無法區分出輕重緩急，以致耽誤事情。如果員工認為在你規

定的期限無法完成任務，而且無法完成的理由也屬於客觀，在允許的情況下，你可以和員工商定一個更可行的時間表。第三，不僅要讓員工知道自己被賦予了哪些權利，更要讓部門經理、同事甚至是客戶等相關人員知道他擁有某些權利，這樣就能實現為員工排除其在工作進行時的阻力。

員工的第 38 道陰影：
等過一段時間，我再幫你解決這些問題

　　宜珍初到美妝化妝品公司時，還是一個青澀靦腆的女孩，幾年銷售做下來，她有了翻天覆地的變化，一套剪裁合適的職業西裝和略施粉黛的精緻臉龐讓她渾身散發出職場女性特有的幹練。而此時的她也因業績優秀被老闆任命為業務部主管，雖然擔任主管意味著要承擔更大的責任，工作也會更累，但宜珍認為既然現在事業上有了成果，就應該再接再厲，繼續努力向前。

　　老闆也十分欣賞宜珍的這種幹勁，不久就派她去開拓一個新市場。到任之後，宜珍很快就順利地將公司的產品推銷到了當地的化妝品店。此外，她憑藉個人魅力以及公司優質的產品和價格，吸引來了各大商場的合作邀約。當年，宜珍在新市場

所做出的業績在整個公司已經排到了第一。

可是，儘管如此，宜珍的薪水相比之前仍然沒有調漲，這令她十分困惑，於是向老闆提出了她的疑問，而她得到的答覆是——新市場經理管理的區域較大、銷售額較高，因而銷售額提成比例自然要低一些。要想得到更高的薪水，要做的就是繼續提高業績。

這樣的答覆自然難以說服宜珍，她認為現在自己雖然是銷售主管，也應該拿與自己業績相對應的報酬，否則空有一個頭銜又能有什麼用呢？

於是，在一次主管會議之後，宜珍又找到老闆，委婉表示了自己的不滿。老闆聽了宜珍的話，以一個長者的口吻對她說：「妳現在應該對自己的工作負責，而不是對薪水負責。更進一步，妳應該對自己負責，現在新市場剛剛打開，前景大好，妳應該學會以更快、更有效的方式去工作。」

老闆的說教讓宜珍有些不知所云，為了證明自己並不是不負責任、只知道計較的得失的人，宜珍對老闆敘述在開拓新市場以來遇到的種種困難。比如，由於住的地方離辦公室很遠，她每天在天還未亮的時候就要起床去上班；因為新市場包含了好幾個城市，她常常在幾個城市之間來回奔波，並和那裡的負責人商量提高業績的辦法。而且，她每次出差的費用和招待客戶的開銷每次都得自掏腰包，公司雖然有報銷的規定，可至今

她還沒拿到任何一筆報銷款。

可惜的是，老闆對宜珍的牢騷沒有表現出任何同情，反而認為她是在抱怨，於是打著官腔說：「妳的情況我都知道了，現在公司業務繁多，我還沒有精力解決你的事情，希望妳能夠理解。過一段時間，我再幫妳解決這些問題。」

對於老闆的明顯敷衍，宜珍失望極了，她真想一走了之，可是有捨不得放手自己的主管位置以及具有巨大開發潛力的新市場。於是，她的工作積極性就在沒有期限的等待中消磨殆盡了。

為什麼不能這麼說？

員工發牢騷通常確實有自己的困難，老闆一味靠安撫而不去解決問題，會影響員工的工作積極性。

一般而言，在公司內，總有一些員工甚至是全體員工對公司的某一個方面不滿意，比如薪酬制度、工作環境、休息時間等等，這種不滿意如果不及時解決、疏導，他們的工作積極性就會降低甚至與公司形成對立，無法真心實意地為公司的發展而奮鬥。

有些老闆不喜歡聽到員工發牢騷，如果有員工發牢騷，輕則敷衍了事，重則大加責備，其實，這不僅不利於員工的工作，更不是最明智的溝通方法。正如案例中的老闆，只是一味

要求宜珍盡到自己的責任，而對於她的種種不滿卻沒有放在心上，只是模糊地答應會盡快解決她的問題，而這種安撫是沒有任何實際作用的。不論老闆出於何種考慮，對員工的牢騷和不滿都應該引起足夠的重視，即使你一時半會兒確實有困難，也要向員工解釋你無法解決她的問題的原因，並向其作出在什麼時間予以解決的承諾。這個承諾只是針對員工的一些小牢騷，除非你不願意解決，否則很容易實現。

古時，大禹的父親鯀奉命治水，採取「堵」的治水方式，歷經九年而無功，大禹接手父親的事業後，繼續與洪水作戰，但大禹在治水時，棄「堵」為「疏」，將洪水引到大海中去，透過十年的努力，終於千川歸海，徹底根除了水患，成了彪炳史冊的治水功臣。員工的牢騷也如濤濤洪水，如果老闆一味模糊應付，便會降低員工的工作滿意度，增加其對工作的抵觸感，所有老闆面對員工的牢騷一定要及時解決，為員工高效工作掃清干擾障礙。

那我應該怎麼說？

你可以這樣對員工說：「年底我會根據你的實際銷售額來調整薪資，而生活上的問題是我沒考慮周到，我會在兩天之內解決你的問題。」

面對員工牢騷，光做到引起重視還不夠，因為再誠懇的安撫也不如馬上解決問題有作用。雖然你沒馬上答應為員工調整

薪資，但也要解釋原因 ── 必須根據業績來決定是否加薪，這樣才能把一碗水端平，員工也才能信服。而馬上解決員工生活上的小問題，會讓員工感受到你的重視和關係，進而贏得尊重。

員工的第 39 道陰影：
我會處理好這件事情

柏豪是某集團旗下一家雜誌社的老闆。這天，集團的大老闆親自打電話給柏豪，劈頭訓斥道：「你是怎麼管理員工的？詩琳這次真是無法無天了，竟然在採訪過程中和採訪對象吵起架來，這還了得！現在採訪對象都把投訴電話打到我這裡來了，這太損害我們雜誌社的形象了！以她這種職業素養怎麼能代表我們雜誌社？」

柏豪聽得驚出一身冷汗，詩琳平時脾氣溫順，工作也十分積極認真，不像是主動惹事的人啊！想歸想，柏豪還是及時向大老闆反應：「您放心，我等等肯定會好好教訓她，讓她加強職業素養。」

柏豪剛掛掉電話，詩琳就紅著眼睛進來了，顯然是剛剛哭過。柏豪剛被大老闆罵，心裡憋著一肚子火，還未等韓開口，

就冷冷地說：「究竟是怎麼回事，妳給我解釋清楚！」剛剛受過委屈的詩琳，一聽老闆如此嚴厲的口氣，不禁再次落淚，斷斷續續地敘述了這次採訪的經歷。

原來，詩琳這次採訪對象是雜誌社的一個廣告客戶，這個客戶水準低下，早年憑藉敢想敢做的魄力迅速起家，現在手裡經營著好幾家公司。在獲得事業上獲得成功後，這位客戶變得狂妄自大，從來不把任何人放在眼裡。這次雜誌社之所以對他進行獨家採訪，不僅是想深挖他早年的創業經歷，更重要的是，他還是雜誌社一個重要的廣告客戶。

正是因為如此，在採訪當中，這位客戶一直以自己是雜誌社的衣食父母自居，面對詩琳是提問，不僅答非所問，還不時打斷詩琳說的話，總是想控制採訪的進程，詩琳沒有聽取對方的意見，因為她認為這是不尊重新聞的行為。豈料，這位客戶竟然發火了：「妳一個小小的記者有什麼了不起的，妳知道我每年給你們雜誌社的廣告費有多少嗎？」說著，他還誇張地伸出三個手指頭朝詩琳晃了晃說：「整整三百萬耶！現在妳又來和我講什麼大道理，拉廣告的時候你們怎麼就不想著尊重新聞、尊重事實了？」

實在忍不住客戶侮辱的詩琳，便回了幾句：「廣告銷售是市場部的事情，我只負責新聞採訪，我很尊重我的職業，我希望您也能夠尊重我的職業。」誰知客戶聽了之後更加惱怒，說

的話也更加不堪入耳，結果雙方就吵了起來。最後，那位客戶還揚言要向集團大老闆投訴，沒想到他還真這麼做了。

聽完事情的緣由，柏豪陷入了長久的沉默。看著淚眼婆娑的詩琳，柏豪知道她是想讓自己向大老闆澄清事實，還她一個清白，可是礙於大老闆的威嚴，他又不知如何開口。思來想去，柏豪決定將此事壓下來，不向大老闆彙報。有了主意後，柏豪便對詩琳說：「我知道妳受了委屈，我非常理解妳的心情，妳給我一點時間，我會處理好這件事情的。」

期望得到老闆的幫助的詩琳沒想到最後竟然會是這種結果。心灰意冷的她只能默默忍受這一切，然而公司這時卻開始流傳關於她的謠言，說她在採訪時因說話不當不僅被採訪對象罵了一頓，甚至還被打了一個耳光。

詩琳明明知道這都的謠言，卻又無法反駁，又感覺外出採訪壓力太大，便要求老闆將她調回雜誌社做編輯。從此，雜誌社就少了一個能獨立外出採訪的人才。

為什麼不能這麼說？

擔心得罪上級而不為受了冤屈的員工澄清事實，是難以服眾的。

當員工遭到公司高層的誤解時，老闆有責任挺身而出，向大老闆澄清事實，維護員工的正當利益。老闆總是希望能得

到員工的完全信賴，自己的指令能在員工之間產生高效的執行力，可是你是否想過，員工為什麼要對你言聽計從，畢恭畢敬？難道僅僅是因為你的職位比他們高嗎？事實顯然不是這樣的，職位的等級尊卑關係是透過職場文化傳襲下來的，並不表明員工真正地在內心深處認可這種文化，所以處之高位並不是使員工臣服於你的根本原因。通覽深得人心的老闆，就可以發現員工之所以死心塌地地追隨他們，是因為他們是員工利益的代言人，在他必要時，他們會不顧一切維護員工的利益。

案例中的詩琳與採訪對象發生衝突的原因是採訪對象首先出言傷人，所以錯並不全在詩琳。而柏豪的老闆聽到的資訊很片面，只知道詩琳與採訪對象爭吵的事實，卻不了解事情的真實情況，就對詩琳所為妄下定論，顯然是有失公允的。而柏豪在的得知事實的真相後，不僅沒有主動向大老闆反映事實的真相，而是壓了下來，敷衍了事，這無疑會損害他的影響力。

當你的上級因資訊失真，或者資訊不全面誤解了你的員工，你應當引起重視，仗義執言，積極為員工澄清事實的真相，也只有如此，員工才能真正願意為公司努力工作，而你也不會因此失去人心。

那我應該怎麼說？

你可以這樣對員工說：「你的情況我都了解了，我馬上就向上級替你澄清事實的真相。」

當員工受到上級不公平待遇後，而你在作了詳細的調查後，確認大老闆的確作了偏頗的論斷，那麼就要為民請命，將真實的情況反映給老闆，為員工討回公道。如果你一味迎合大老闆，忽略員工的感受，那麼員工會認為你是一個只會奉承上級的老闆，自然也就不會為你賣命。

員工的第 40 道陰影：
這件事情就由他來完成吧

蔡老闆最近為一個新來的員工南賢倍感頭痛，南賢來公司之前，不僅有好幾年工作經驗，而且腦袋靈活、工作效率高，深受老闆的器重。剛入職的時候，他還能要求自己嚴格執行蔡老闆的命令，可時間一長就仗著自己的優秀以及蔡老闆的信任開始變得散漫起來。

有一次，蔡老闆派南賢去機場接一位很重要的客戶，客戶下飛機快十分鐘了，卻始終沒等到接自己的人，他不禁有些憤怒，直接打電話給蔡老闆詢問到底怎麼回事。蔡老闆又急又氣，連連向客戶道歉之後，馬上打電話給南賢，而南賢則漫不經心地說去機場的路上有點塞車，所以耽誤了一下子。還沒等他解釋完，蔡老闆就著急地打斷他的話，命令他盡快趕到機

場。最後雖然順利接到了客戶，但客戶明顯有些不高興。不過，能說會道的南賢一路道歉的同時又插諢打科，一直到公司，不僅讓客戶消了氣，兩人還成了朋友。蔡老闆見他們說說笑笑，懸著的心也放了下來。

透過這件事情，蔡老闆更認為南賢是個人才，從此更加倚重他了。但可惜的是，蔡老闆過分外露了自己的情緒，以致於給了南賢一種老闆離不開我的錯覺，言語和行為因此也越來越放縱了。

一天，蔡老闆找來南賢對他說：「公司要做一份市場調查報告，我想將這個任務交給你，我相信以你的能力一定會出色完成任務的，你能不能將這份市場報告在下周之前交給我呢？」

「我倒是無所謂，可是我看小潘這兩天一直很閒。他的市場調查做得很出色，如果讓他來做，說不定還比我好呢。」南賢變得越來越懶散了，工作能拖就拖，絕對不會提前一天完成的。

面對南賢的推託，蔡老闆耐心地說：「我已經安排了另一項市場調查給小潘了，他現在已經開始進行工作了，我總不能叫他半途而廢吧？」

「那你可以讓小鐘來做，他剛休假回來，精力充沛，一定可以出色地完成這這項工作的。」南賢繼續討價還價著。

不知怎麼了，面對南賢種種得寸進尺的行為，蔡老闆雖然有時候也十分生氣，但考慮到他是個人才，所以一直以寬容的態度對待他。這次也不例外，蔡老闆雖然心裡十分不舒服，但為了照顧南賢的面子，又對南賢做了妥協說：「那好吧，既然小鐘有時間，那這件事情就由他來完成吧。」

隨著小鐘準時完成調查報告，南賢也變得更加肆無忌憚，常常在分配工作任務時比手畫腳，這讓蔡老闆煩悶不已。

為什麼不能這麼說？

把工作和情感混作一談，又不能表明態度，那麼分配工作時，員工自然就會挑三揀四，甚至乾脆推託。

身為老闆，表達對員工看重的方式有很多種，但近乎無原則的妥協只會助長員工的驕傲心理，如果此時你依然不表明態度告誡員工工作就是工作，和私人感情沒有任何關係，那麼員工就會得寸進尺，甚至還會干涉你的工作，這樣一來，你的權威就受到了挑戰，可能會出現不能令到則行的局面。

每個公司裡每天都會有大量工作等著員工去做，老闆將分配工作任務時，如果允許員工討價還價，你就無法管理公司的工作。正如案例中的蔡老闆，因為愛惜南賢這個人才，公私不分，在工作上予以妥協，這不僅沒讓南賢變得更加積極，甚至變得更加懶散，以致於開始推託工作。

所以，在分配工作任務時，有的員工挑三揀四，那麼你就要及時表明態度，說出該項工作適合由他來完成的理由，要求他務必在規定的時間內完成。面對平日與你私交甚好的員工，更應該及時表明你的態度，讓他撇清工作和情感的關係。也只有如此，員工才會將老闆的命令放在心上，然後認認真真地去執行。

那我應該怎麼說？

　　你可以這樣對員工說：「我很欣賞你的才華，這也是我看重你的原因，現在你是這項工作最合適的人選，希望你不要推託，為其他員工作出表率。」

　　身為老闆，分配工作是你的權力也是職責，當你確定一向工作確實適合由某位員工來完成，那你就不能再接受「不」字。無論何時，當員工試圖以各種理由來推工作時，要予以答覆，但不能被牽著鼻子走。要知道，在安排合理的情況下，作為老闆的你有權力要求每一位員工接受任何合理的工作。

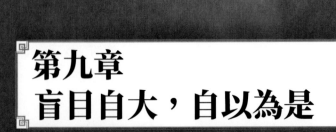

FIFTY SHADES OF
SPOILED
BOSS

第九章
盲目自大，自以為是

員工的第 41 道陰影：
這麼簡單的事情，為什麼你就做不好呢

　　李總經營著一家小型的汽車零件生產工廠，他每有閒暇總喜歡到工廠去巡視，還不時指點員工工作。對於李總的好為人師，有些老員工積極迎合，也有些老員工表示不屑，他們認為李總雖然也是技術出身，但總是自以為是，愛用自己的水準來衡量員工的能力，要知道，人有水準高低之分，如果總是像要求自己一樣要求員工，那麼員工是很難接受的。果然不久後，李總就為自己的自以為是付出了代價。

　　由於業務不斷有新的發展，工廠人手有些不夠，李總又招聘了一位新員工小吳。正式工作的小吳是第一次接觸這類工作，所以工作起來還是顯得手足無措，常常出錯。

　　一天，李總照例到工廠視察，轉了一圈後，來到小吳的旁邊，觀察他工作。小吳這幾天的工作雖然有了很大的進步，但由於老闆突然站在身邊，不免有些心慌意亂。緊張之下，小吳手一抖，弄壞了一個零件。李總看到後，說：「你按照我的步驟重新做一遍。」說著就命令小吳進行第一步。小吳只好按照李總的話一步步去做，終於做到最後一步，眼看就要成功了，小吳卻因不小心功虧一簣。

　　「小吳，你的工作怎麼還沒上手啊？」李總有些不滿地說。

「我工作時間太短，還沒有完全掌握要領。」小吳解釋說。

「那好吧，我做一次示範，你看好了。」說完，李總認真地工作起來。不用多久，一個零件出爐了，完美得沒有一點瑕疵，就連圍觀的老員工也不由暗中讚歎。

「看到我的成果了吧？」李總將手中的零件朝小吳晃了晃說：「我就想不明白，這麼簡單的事情，為什麼你就做不好呢？你為什麼就不能向我學習呢？」

李總的話讓小吳十分難堪，他低聲說：「老闆，我肯定無法達到你的水準，而且我覺得任何一個新人都很難達到你的要求。」

「你既然拿了我的薪水，就要達到工作標準，不然我僱你來幹什麼？」李總冷冷地說。

小吳被李總的話激怒了：「既然我達不到你的要求，你解僱我好了。」李總被小吳的話噎得半天也說不出話來。

為什麼不能這麼說？

用自己的水準衡量員工的水準，只會造就更多的錯誤。

案例中的李總以自己為例，自以為是地用自己的水準衡量員工的水準，總相信這件工作簡單無比，他僅僅講了一下要領或者簡單示範一下就指望別人很快就掌握了。顯然，這是錯誤的做法。要知道，那些對你而言輕而易舉的事情，對第一次嘗

試做的員工來說，也許是相當困難的。所以，不要輕易用自己現有的水準去衡量員工的水準，因為這不僅會讓員工受到打擊，而且還會引起員工反叛的心理，正如案例中的小吳一樣，直接了當地讓老闆解僱自己。

另外，面對新員工，老闆最好不要把自己的標準強加給你員工，因為有些員工由於能力所限，心有餘力而不足，無法達到與你同樣的高度。

那我應該怎麼說？

你可以這樣對員工說：「開始的時候是容易出錯。別急，試試再做一次看看，熟練就好了。」

對待新員工，你除了要有耐心指導他的工作之外，還要照顧到員工的情緒，讓員工感受到你的關懷，只有這樣，員工才會信任你，依賴你，也更能讓他們聽取你的意見。對員工有一顆寬容的心，就不會造成你以自己的水準去衡量員工的水準。

▎員工的第 42 道陰影：
▎培訓沒什麼用處

延亨在一家公司工作了三年，三年裡，延亨由一個懵懂的

大學生成長為公司的得力幹將，為公司創造了不少利益，老闆趙總十分高興，甚至還許諾他，只要時機成熟了，就提拔他為經理。

面對趙總的器重，延亨高興的同時，也有些擔心自己以現在的能力，即使將來真的做了經理，也難以做出什麼成績，到時候豈不是辜負趙總一番美意？於是，他便向趙總申請出去研習一段時間，由於延亨是初次提出這種要求，趙總也不好拒絕，便答應了他。

在外面研習期間，延亨在聽了很多專家的講座後，一方面覺得自己的學識還差很多，還需要不斷努力學習，另一方面慶幸自己能學到這麼多知識。

學習結束後，延亨盡量把學習期間學到的東西用在工作上，在外人看來，他還是像往常一樣沒有什麼變化，可是只有延亨自己知道，自己在不斷進步。所以，一旦外面有什麼好的學習機會，他總會向趙總申請外出參加培訓。如此幾次之後，趙總對延亨有些不滿意了，對他說：「真不知道你這是怎麼了，你好像每隔一段時間就要求去讀這個或那個培訓班，要不就是參加什麼研習班或者是會議。你為什麼老是覺得我應該同意你參加培訓？」

「參加培訓是為了提高技能，這對公司也大有好處啊，我也是不想辜負您對我的厚望！」延亨說。

「可是在我看來，你的培訓費直接減少了我下個季度的流動資金，這倒不是重點，重要的是好像也沒看出來你培訓後帶來多少利潤啊！依我看，培訓沒什麼用處，還不如不去。」

趙總說這番話自然有他的道理。趙總從小雖然不喜歡讀書，但腦子很聰明，在年輕的時候就開始創業，幾乎沒有經歷過什麼挫折就取得了成功。為此，不論做什麼事情，他都相信自己的經驗，從來不願意花錢進修，在他看來，那些培訓課程和說教沒什麼兩樣。

一次，趙總應媒體之邀，在行業會議上談談自己的創業經歷。演講時，趙總攤開祕書事先為他寫好的演講稿，看也沒看一眼，就對著話筒說：「我認為，做生意靠得就是頭腦，不用讀太多書，只要能正確寫出自己的名字就可以了。而我對商機往往有敏銳的嗅覺，這就是天賦。」趙總對培訓的成見，由此可見一斑。

對於趙總早年的經歷，延亨也略有耳聞，但他認為現在時代變了，不進步就會落後，單憑過去的經驗是很難在競爭激烈的商海中有新的突破。但同時他也知道，對於自己的這些觀念，趙總是很難接受的。最後，他還是放棄再次去培訓的計畫，雖然他在日後的工作中依然十分努力，但總想找一間更有發展性的公司。

為什麼不能這麼說？

自以為是的否定培訓的作用，將會限制員工的發展。

培訓是許多老闆工作中的一個關鍵部分。一個向前發展的公司，每時每刻都存在著培訓的必要；因為培訓是建立公司內部人力資源庫唯一有效的方法，而且隨著科技的迅速更新，它還是對員工進行再培訓的有效途徑。如果員工在幾年之內沒有接受任何培訓，他們的知識就已經落伍了。得不到新思想的灌輸，沒有實踐新知識的機會，最好的員工也跟不上高新技術領域裡的發展。週期性的知識更新並不只限於高科技企業。商業行為在不斷變遷，而你的員工卻日益故步自封、墨守成規，在現有實踐機會的領域中逐漸失去了原有的工作技能。這些都迫切要求員工能夠得到接觸並學習知識的機會。

所以，面對願意主動要求的接受培訓的員工，老闆切不可以自己的經驗否定培訓的作用，這樣只會限制員工的發展，甚至會致使一些想進步的員工離職。

那我應該怎麼說？

你可以這樣對員工說：「我十分支持你參加培訓，但前提是，我想聽聽你參加完培訓後如何將知識運用到工作中。」

首先，對於員工提出培訓的要求，你不能盲目否定，在支持的基礎上可以進一步溝通他是否該去參加培訓。其次，每個

人都適用不同的工作方法。有些人能從大學課程中學到有用的東西，從而拓展自己的技能；而另一些人則可能在與同一領域中的員工進行觀念和經驗的交流時獲益更多。所以，有關培訓的討論應該圍繞著每個人特定的工作進行。比如，對於負責會計的人員而言，當他決定要參加一個電腦繪圖培訓班時，你可以問一下他計劃如何把增加技能運用到本職工作上去。如果他說這樣就能把呈送給你的月報告設計得更好的話，這可能是個好主意。但要是他不能將自己的要求與目前或將來可以合理預見的工作相連繫，這就可能不是一項公司應該進行的投資。

員工的第 43 道陰影：
要是沒有我，你們早就失業了

秦老闆在收購盛天廣告公司之前，這家公司因決策頻頻失誤，導致近一半方案沒有達到客戶的要求，公司士氣低落，老闆也心灰意冷，這才決定將公司賣給秦老闆。

秦老闆接收該公司後，依然保留了公司原來的人馬，並利用自己多年的行業人脈和經驗，為公司拉來不少客戶。這在相當程度上鼓舞了員工士氣，他們從原來低迷的狀態中徹底擺脫

了出來。由於秦老闆策略得當，再加之員工們的通力合作，在
接下來的工作中，為每一位客戶舉辦的市場推廣活動都別出心
裁，客戶對這些活動也十分滿意。員工們揚眉吐氣的同時，也
十分佩服秦老闆的職業素養和公關能力。

　　但是，時間一長，員工們就發現秦老闆非常自滿自大，尤
其是成功讓盛天廣告公司起死回生之後，他表面雖然像往常一
樣保持著和藹，但實際上，員工們能深切地感受到他言談舉止
透露出來的高傲和目空一切。所幸這種感覺並未妨礙員工正常
工作。

　　一次，一位客戶前來拜訪，對上次為他們做的新產品上市
方案給予了極高的評價，並感慨說：「你真是公關行業的人才，
在你接手這家公司之前，我甚至還考慮是否要換一家新的廣告
公司合作，與你相比，原來的老闆差得太遠了！」對於客戶的
溢美之詞，秦老闆表面依然像往常一樣謙虛，可內心卻是得意
萬分，認為若不是自己力挽狂瀾，盛天公司早就倒閉了。

　　送走客戶後，依然沉浸在客戶的誇讚中無法自拔的秦老闆
又開始構想公司未來的發展。正在此時，經理小美送來一份文
件要秦老闆簽字。簽完字後，小美收起文件，抱在胸口，卻沒
有走的意思，低著頭盯著腳尖。秦老闆見她這樣，就問道：「還
有什麼事情嗎？」

　　「是這樣的，公司現在狀況不錯，已經走出低谷，大家最

近工作比較累，我想是不是應該給予一定獎勵……」小美說。

對於小美為大家謀福利的要求，秦老闆認為，公司要不是他接手早就倒閉了，現在所有客戶都是依靠自己的資源拉來的，員工根本沒出什麼力，憑什麼得到獎勵？雖然心裡這麼想，但嘴上卻說：「公司剛剛走出困境，這你也是知道的，所以等公司真正盈利了，再獎勵大家。」

「可是，如果不及時獎勵，恐怕大家工作會有懈怠。」小美提醒他說。

聽了小美這話，秦老闆的臉立馬沉下來，說：「在我收購這家公司之前，公司內部亂成一團，幸虧在我的大力整頓下，公司才走上正軌。當初要是沒有我，你們早就失業了，現在大家什麼貢獻也沒做，就想著獎勵，是不是不太適合？」

秦老闆的自表其功讓小美心裡十分不舒服，她知道公司在策略方面，秦老闆是做了明智的抉擇，可是在具體執行過程中，還是依靠大家的努力才有公司今天的呀！

小美沒有再和秦老闆繼續糾纏，但她私下把他的話告訴了同事，大家議論紛紛，對秦老闆搶功勞的行為大為不滿。

在後來的日子裡，秦老闆發現員工們表面上還是一如既往地尊重自己，可是對他的命令卻是陽奉陰違，他們再也不像自己當初收購公司時那麼有工作積極性了。

為什麼不能這麼說？

老闆自表其功往往會忽略員工的感受，從而引起員工的不滿。

案例中秦老闆拒絕小美提出獎勵大家的要求時，透露出這樣一個觀念：我才是公司的最大功臣，多虧我才挽救了這個公司，員工沒有為公司做出什麼貢獻。秦老闆的想法以小美為代表的員工感覺自己只是無足輕重的人物，雖然他們在重振公司的過程中，也奉獻過自己的智慧和力量，但最後公司所取得的成就卻與他們無關。既然成就與他們無關，秦老闆才是公司的最大功臣，員工無法分享公司的榮耀，他們的工作熱情自然會一落千丈。

在這個案例中，秦老闆犯了一個大忌：自表其功，認為自己是公司最重要的人物，公司的一切成就都是由他一個人做出來的。秦老闆之所以有這樣的想法，是因為他對管理者角色有著認知錯誤。在秦老闆的意識裡，老闆猶如男主角或者女主角，員工猶如襯托主角的次要人物，員工的存在，只是為了突顯、烘托和成就老闆的成功。分析管理者的職能，這種認知顯然是錯誤的，管理是一項充分挖掘和發揮下屬的潛能、實現組織目標的工作，管理者更像一個足球教練—— 他們選擇合適的人加入球隊，分析每一個成員的優勢和劣勢，然後對球隊成員進行針對性培訓，指導他們如何在比賽場地打敗對手、成

為冠軍。因此，老闆作為公司最高層的管理者，更應該指導員工出色地完成工作，完成屬於自己的使命。反之，如果老闆總是強調自己是公司最大的功臣，等於本末倒置地讓自己的光輝掩蓋了員工的努力，在這種男主角或女主角的情結中，員工看不到自己的努力後的回報，自然不願意為工作投入百分之百的努力。

那我應該怎麼說？

你可以這樣對員工說：「如果沒有大家的齊心協力，單憑我一個人很難讓公司起死回生的。大家的努力我看到了，我會依照你的要求，發給大家一些獎勵。」

作為公司的核心人物，老闆眼光再長遠、策略再高明，如果沒有人執行你的方案，一切也枉然。所以，你首先要鼓勵員工努力工作，等員工在做出成績之後，也應該推功於員工，不要吝嗇肯定和讚美，或許這些話對員工來說無足輕重，但是卻有助於使員工自我滿足的心理需求得到實現。同時，你在認可下屬的時候，也加深了員工對你的情感依附度，「士為知己者死」便是這個道理。另外，除了精神上的肯定和鼓勵之外，你也應該拿出一些物質獎勵，這樣在雙重的激勵下，員工才更願意付出努力。

員工的第 44 道陰影：
按照我的話做，一定不會錯

　　浩維是一家公司的銷售經理，他帶領團隊用了一年時間在一個區域裡開拓出一個新市場，這個市場潛力十分的大，年銷售額占全公司的總銷售額的三分之一以上。第二年，浩維又仔細分析了這個市場的狀況發現，公司的產品在該市場已經獲得了百分之二十的市場占有率，而這百分之二十的市場占有率所產生的效益已經達到公司的百分之八十。

　　在年底規劃新一年的計畫時，浩維向老闆提建議說：「公司的產品在新市場的占有率已經達到了百分之二十，這已經達到了開發極限，因為這個市場只有百分之二十的發掘潛力。而我們在明年需要做的是，將公司一半的銷售力量投入到這個百分之二十的市場，與現有的客戶加強溝通，強化合作關係，這樣雖然保守了一些，但能穩打穩紮，不會出現什麼紕漏。」

　　浩維作為一線銷售人員，不僅經驗豐富，而且還熟悉市場情況，他所提的建議自然也是十分合理的。但老闆聽後卻十分不滿意，對浩維說：「你這幾年的工作業績大家是有目共睹的，你確實是難得一見的銷售人才，要不然，我也不會任命你為銷售經理。但是，你剛才提的建議太保守了，為什麼不能大膽一些，新市場還有百分之八十的潛在客戶沒有開發，我們為什麼

不能以占據全部市場為目標呢？」

浩維再次重申了他剛才的觀點，又解釋說：「已有的客戶雖然只有這個市場全部客戶的百分之二十，但是我們和他們之間已經建立了良好的合作關係，只要經常和他們溝通，不僅能增進合作關係，而且將來客戶也有機會為我們介紹新客戶，這樣雖然慢了一些，但卻是另一種開發客戶的方式，而且這樣能減少公司人力和物力的投入。另外，這個區域雖然還有百分之八十的市場，但卻只有百分之二十的業務量，實在沒有必要再去開發剩下的市場。」

但是浩維的話顯然沒有說服老闆，他連連搖頭，最後用不容置疑的口吻說：「我當年如何起家想必你很清楚。現在我只是想告訴你，男人就要勇於冒險，不能畏手畏腳，否則永遠也不會取得成功。我很看好這個新市場，而且以我多年的經驗，你按照我的話做，一定不會錯！」

浩維見老闆不知道市場的真實情況就妄下定論，要知道那個憑膽量成功的時代已經過去了，現在如果還一味依靠過去的經驗來進行商業上的決策，那麼無疑是自尋死路。他還想再勸勸老闆，可老闆依然用一句「按照我的話去做，一定不會有錯」將他的話擋了回去。

見老闆態度堅決，浩維最後也只能照辦。由於在開發新區域剩下百分之八十的市場過程中，那些新客戶的問題非常多，

他不得不把全部精力投注進去。當他拿下市場中百分之八十的時候，原來固有的百分之二十市場裡客戶卻流失了八成以上。

為什麼不能這麼說？

盲目自信，不考慮實際情況，下達的命令往往是錯誤的。

自信是成就事業不可缺少的一部分。自信能讓人在低谷之中，仍然心懷憧憬，不言放棄；自信能讓人在山窮水盡之時，爆發巨大能量，背水一戰，往往能扭轉乾坤。但與自負不同的是，自信是建立在自己的實力的基礎之上，是不亢不卑；而自負則是過分誇大的自己的能力，認為自己無所不能，永遠也不會犯錯，這是盲目的自大。

對於老闆來說，自信是成就事業的必須素養，但如果自信心走向極端，便轉化為盲目自負。正如案例的中的老闆，在業界跌摸滾爬，憑藉子的膽量輕易獲得了成功。但不得不說，他的成功是與當時的環境和運氣是分不開的，而浩維也深切地看到了老闆的弱點。正所謂：「當局者迷，旁觀者清。」老闆是不會意識到隨著時代的進步，自己的經驗也會折舊。所以在是否開拓新領域剩下市場上的問題上，他依然沿用著過去的經驗和膽量，根本不聽負責開拓市場的浩維的意見，結果不僅市場沒有成功開拓，反而流失了已經擁有的市場占有率。

隨著公司壯大的同時，老闆也會陷入成長瓶頸，如果此時

不聽從在專業方面比自己強的員工的建議，依然義無反顧地用過去的經驗判斷當下，必然會以失敗收場。清朝末年，楚漢相爭，最終武藝冠絕天下的項羽卻敗於泗水亭長劉邦手中，原因何在？這是因為項羽自負過頭，不能充分將廣泛的資源為己所用。劉邦則不然，他深知：「運籌帷幄之中，決勝千里之外，吾不如張良；鎮國家，撫百姓，不絕糧道，吾不如蕭何；連百萬之眾，戰必勝，攻必取，吾不如韓信。三者皆人傑，吾能用之，此吾所以取天下者也。項羽有一范增而不能用，此所以為我擒也。」與項羽最大不同在於，劉邦知道自己之所短，他人之所長，故能善於充分將所有資源為己所用，終成千秋帝業。

由此可見，自信更深沉的含義就是，規避自己的短處，利用他的長處，就能保證企業的長存不衰。

那我應該怎麼說？

你可以這樣對員工說：「依我的經驗看來，你前期開拓市場的工作做得非常好，現在提出新區域的剩餘市場不宜繼續開拓的理由，我覺得有道理，所以決定放棄這一計畫。」

員工在前提的開拓市場中做出了顯著的成績，這就說明該員工確實很有能力，你及時給予讚揚，並聽取他的意見，放棄繼續開拓餘下市場的計畫，更會讓員工覺得自己遇上了一個英明果斷的老闆。

員工的第 45 道陰影：
要是我，絕對不會犯這種低級錯誤

　　佐宏是一家集團公司的老闆，能力很強，上任之後，在他一番大刀闊斧的改革下，公司業績隨之翻了好幾倍，董事會為此十分高興，還特意為其舉辦了慶功宴。

　　此事不僅奠定了佐宏在公司的地位，而且為他樹造了一個無所不能的形象，全體員工對他的佩服也是遠遠大於敬畏的。可是時間一長，員工們卻發現佐宏是一個非常挑剔的人。

　　一次，一位員工將一份企劃案交給佐宏審看，本來這個方案是由十幾個人的團隊完成的，考慮周詳，堪稱完美。可是佐宏在拿到方案後，馬上擺出一副資深專家的模樣，十分仔細地將方案看過一遍後，然後指出了幾個小缺點。對於此，該員工則認為佐宏有賣弄能力之嫌，他所提的「缺點」根本沒有必要去改。可是，當該員工說出自己不需要去改的理由後，佐宏的臉馬上就沉了下來，開始用上級的口吻講道理給他聽，足足說了半個小時，才放該員工走。

　　在日後的工作中，員工們都熟悉了佐宏的脾氣秉性，有些員工為人正直，不願意刻意迎合他的某些觀點，往往會據理力爭，但最後雙方總是不歡而散。而一些油腔滑調的老員工，則會在自己的文案或工作中故意留一些缺點，專門等佐宏來指

正，以滿足他的自寵心理。

與員工兩種完全不同的相處模式不僅沒有讓佐宏反省自己的行為，反而與那些刻意迎合自己的員工走得更近了，說話也更加肆無忌憚了。

年底的時候，按照慣例，佐宏的直屬上級張董會來公司檢查工作。佐宏不敢怠慢，將公司一年的營運和財務狀況寫成報告，並命令員工提前準備接待事宜。

當一切準備就緒後，張董也如期來臨。在公司視察一番後，佐宏便開始向張董彙報工作情況。他的彙報十分詳盡，張董認真傾聽的同時還不時贊同地點點頭。佐宏見張董如此，心裡的緊張稍微舒緩了一些，說話也更加流暢了。

彙報結束後，張董十分中肯地誇讚了佐宏這一年的工作富有成效，並鼓勵他說：「你現在正值壯年，精力充沛，正是打拚事業的好時光，希望在來年你能再接再厲，再把公司帶上一個新臺階！」

張董是董事會重要成員，他今天的這番話讓佐宏感受到了董事會對自己的倚重，心中的滿足和得意早把彙報工作時的緊張忘得乾乾淨淨了。他很合時宜地表態說：「謝謝張董的鼓勵，我一定不會辜負集團對我的厚望，努力讓公司得到更快的成長。」

張董走後，已經習慣評頭論足的佐宏當著幾位比較親近的

員工說：「其實，張董作為集團重要董事，制定的公司的制度有的十分不合理，要是我，絕對不會犯這種低級錯誤。」幾個員工聽後，大吃一驚，都不知道該如何回應，只好低頭沉默不語。

後來，不知道怎麼回事，佐宏的話竟然傳到了張董耳裡。張董為此十分惱怒，認為佐宏作為一家大公司的最高領導者，不注重自己的言行，竟然公開對董事會的人評頭論足，真是太不負責任了！他直接對佐宏提出了嚴厲的警告並予以處分。

佐宏氣惱的同時，還在公司內大肆追查向張董透露消息的員工，搞得人人自危。最後，他不僅沒有查到透露消息的人，在公司的影響力更是逐漸下降。

為什麼不能這麼說？

當著員工的面，挑上級制定制度的毛病，是非常不理智的行為。

身為老闆，你要明白你的上級雖然身居高位、手握重權，但他也並非完人，也有自己的缺點和不足，他總會試著在公司樹立這樣的形象：心思縝密、有勇有謀，能事無巨細地兼顧到每個細節。因為具備完美形象是管理者在員工中間擁有權威、獲得更多資源的必要條件。如果你不合時宜地將上級的錯誤公之於眾，無異於偷襲了上級的「權威感」。試想當你打碎了上

級極力想維護的東西後，對方怎麼會不惱羞成怒，認為你不是一個合格的領導者，從而予以你處罰。

案例中的佐宏本來就有些居功自傲，再加上有心的員工刻意迎合，使他變得更加自以為是，甚至在得到張董的認可和肯定後，竟然把矛頭指向了自己的直接上級。固然張董可能在制定制度方面確實有考慮不周的地方，但佐宏可以私下向張董提建議。但從佐宏的態度來看，他並非是無心之言，而是故意為之。他之所以向員工展示上級的失誤，是為了顯示自己見解獨到，甚至能發現上級所不能發現的問題，以便讓員工對他更加崇拜，而這樣的舉動無疑是自掘墳墓，

所以，當著員工的面，千萬不能揭上級的短處。即使你的上級是一個心胸豁達、光明磊落的人，但越是這樣的人，往往眼裡更容不得一粒沙。而在聽到有你在背後議論他的傳言後，他會更加難以忍受。

那我應該怎麼說？

你可以這樣對員工說：「在我工作期間，張董給了我很多幫助，如果沒有他，我也不會有今天的成績。」

你這麼說，就是把自己的功勞讓給上級，員工會認為你是一個謙虛謹慎的人，從而更願意親近你。另外，對於上級的某些錯，身為下屬的你，有責任和義務幫助上級糾正。但是，你

最好避免當眾指出上級的錯，而私下溝通，則給上級留足了面子，他也不會因為你指出他的錯而惱羞成怒，反而會慎重考慮你的意見。

FIFTY SHADES OF
SPOILED
BOSS

第十章
怨天尤人，推託責任

員工的第 46 道陰影：
找一個人才為什麼這麼難

　　黃老闆做了幾年木材生意，累積了大量的財富，一躍成為億萬富翁。但是，他的野心並沒有就此止息，他看準房地產是一塊待開發的寶藏，於是決定進軍房地產。經過幾個月的籌備，地皮買好了、設計師及建築師等相關人員都找好了，但最重要的專案經理卻總無法令他滿意。

　　黃老闆之所以能成功，有一個很重要的因素就是慷慨。再加之他又是愛才之人，面對有才華的員工，往往一擲千金，這個月不是發獎金，就是下個月給福利，遠近人才久聞黃老闆大名，紛紛前來應聘。結果才發現，黃老闆雖然慷慨大方，但也針對有才華的人，再加之他要求嚴格，能通過他面試的人少之又少。也正是因為如此，黃老闆招聘的第一位經理就因沒達到黃老闆的要求而被辭退。

　　接著是第二位經理，此人在地產行業赫赫有名，曾做出過不少輝煌業績。與他深聊之後，黃老闆覺得此人不論從學識還是能力都是出類拔萃的，確實是自己要找的人，便馬上讓他盡快來上班。

　　可是，這位經理在第一天上班就帶來了三名助手，各個西裝革履，鼻梁上還帶著一副墨鏡，氣場十足。走進公司大廳的

時候，櫃檯人員　見這陣仗，以為是黑道來收保護費，嚇得花容失色。正當她準備報警時，經理上前解釋，這才消除了一場誤會。

黃老闆得知此事後，也沒有大驚小怪，人家堂堂一個經理，帶幾個助理也是很正常的。可是一段時間後，這位經理就要求更換公司幾個重要職位的人員，包括黃老闆十分信任的幾位主管。雖然前期的工作進展順利，但黃老闆不免心頭存疑：經理帶來的助手肯定是他的心腹，要是答應了他的要求，以後這個公司是他在控制，還是我自己在控制呢？因此，對於經理的「換血」要求，黃老闆毫不猶豫地就拒絕了。而經理則對那幾位主管看不順眼，總認為他們阻礙自己的工作。最後兩人在人事問題上始終無法達成協定，經理便帶著幾個助手拂袖而去。

這時，黃老闆才發現，要想請到稱心如意的人才，除了有錢還必須有足夠的耐心才行。找第三個經理時，他思考了很長時間才確定下來，請來的這位王經理無論資歷、能力、性格都是有口皆碑。王經理對房地產界的確相當內行，上任之後，很快就糾正了工作前期的幾個錯誤，為公司挽回了一筆損失，而且他與公司上下人員關係也非常不錯。黃老闆對此很是滿意，只是，在確定設計風格時，黃老闆還是與他發生了分歧。

黃老闆買的地皮位置在郊區，以他的判斷，近幾年城市快

速發展，過不了多久，那塊地皮將會成為該市的另一個核心區，因此，應當設計成高級商業大廈。而王經理卻認為現在下這個結論為時尚早，郊區還是應以住宅為主。為了證明自己的判斷並非空穴來風，王經理還特意整理出一堆資料，論述自己的判斷，黃老闆不得不服。但隨即黃老闆又對建造材料的運用提出了質疑，認為費用太高。而王經理則解釋說：「這是因為使用了環保建材的緣故。」可是黃老闆覺得，大量使用環保建材會大量增加成本，要求減少這類材料的比重。兩人經過多次爭論，王經理才作了一點讓步。可是黃老闆依然對結果不太滿意，不由得對手下幾個員工感慨道：「找一個人才為什麼這麼難！現在找來的人沒有一個能讓人放心。」

話傳到王經理那裡，他不由得開始多想：我工作這麼多年，也不是誇口，至今還沒見到能超越我的人。現在老闆這麼說，難道是說我不是人才？要不就是老闆對我不放心。再想到在公司工作這段時間以來，很多事情自己都不能決定，非得老闆插手，這種外行指導內行的事一多，工作自然就難以順利進行。經過慎重考慮，王經理決定辭職。

就這樣，房子的地基都沒開始打，黃老闆就換了三個經理，嚴重耽誤了工期。

為什麼不能這麼說？

好話不出門，壞話傳千里，當員工的面抱怨其他員工遲早

會傳到被評論者的耳裡，給其造成打擊。

對於老闆來說，無不希望自己的員工工作不僅出色，而且還能處處符合自己的心意。但是，這個世界還沒有這樣全才的員工。因為每個人都會有些小缺點，也正因為如此，人人都有自己獨特、鮮明的個性，從而組成一個精彩的世界。

聰明的老闆能看到員工的長處並加以利用，實現利益最大化。所以在評價員工時，老闆務必要做到客觀、全面，須知人無完人，每個人都有不那麼令人滿意的地方。本著這個原則，對於員工的某些缺點，老闆就能做到心中有數，如果有改進的機會，就要提醒其要引起注意；如果天性使然，一時難以更改，那麼就避開他的缺陷，將他安排到能發揮其長處的工作職位。而對於某些分歧，則要有容忍之量，尤其不能因為對工作某一兩處的不滿，就否定整個人，認為其不符合「人才」的標準，這顯然有失偏頗。此外，你內心的不滿千萬不能在別的員工面前發洩，因為在傾聽者看來，你的抱怨是雞蛋裡挑骨頭，看不到別人的長處，一旦你的抱怨透過各種途徑傳到當事人耳裡，必然會傷害到員工的工作熱情。

那我應該怎麼說？

你可以這樣對員工說：「王經理不僅工作做得出色，而且心思細膩，能發現很多潛在的危機並能及時解決，為公司節省了很大成本。所以，我希望大家以後要向他多學習。」

當著員工的面讚美另一個員工，不僅能夠激勵傾聽員工，讓其產生不服輸的心理，願意主動學習進步。即使對讚美的員工有所不滿，你也要選擇當面與其溝通，這樣就能避免被第三者到處傳播你的抱怨。

員工的第 47 道陰影： 我拿他一點辦法也沒有

信達公司的老闆最近被一位重要員工曼蒂弄得焦頭爛額，原因是曼蒂要請假半年回家處理事情。

信達是一家小型的傳播公司，包括老闆在內也不過十幾個人。其中，曼蒂和另一位員工阿杜是都持有公司一部分數額不大的股份，並分別掌管文案和廣告，都是公司片刻不能離開的人物。這也就不難理解老闆面對曼蒂要請六個月假的為難了。公司文案負責人都走了，那麼公司的文案該由誰來負責呢？所以，老闆十分委婉地拒絕了曼蒂：「公司自創辦以來，還沒有人請假超過一個月，你現在既是文案負責任，又是公司股東，怎麼能帶頭做這種事呢？」

曼蒂對自己在公司的地位十分滿意，她知道在文案策劃方面，老闆一時半會兒找不到替代她的人，料想老闆也不會貿然

得罪她，於是說道：「現在公司業務少，我就是想趁著這個機會把事情辦了，等到公司業務發展起來了，我再回來，這樣我也能安心工作了。」

曼蒂果然沒有猜錯，老闆考慮到她的重要性，對她也十分客氣：「我也知道你是個明事理的人，要不是沒事你也不會請這麼長時間的假。要不這樣吧，我給你一個月的帶薪休假，你盡快回去把事情處理完。」

對於老闆的讓步，曼蒂依然不太滿意，開始討價還價：「一個月時間根本處理不完那麼多事情，不如我請三個月的假，期間只領一半的薪水，怎麼樣？」對於曼蒂得寸進尺，老闆覺得她太過分了，直接拒絕了她的要求。曼蒂見老闆的態度如此堅決，感覺自尊心受到了傷害，索性辭職不幹了。

曼蒂的突然辭職雖然讓老闆有些後悔當時的衝動，但既然事情鬧僵了，那也沒什麼好說的，於是就把曼蒂的股份退還給她。曼蒂本來是想嚇唬一下老闆，可沒想到他竟然沒挽留。一氣之下，曼蒂開始暗中在其他員工間大講老闆的壞話，還說自己準備開公司，請他們來入股，極力鼓動他們辭職。

就這樣，本來就不多的幾個員工開始出現了動搖。其中，有部分員工開始工作懈怠，還時常請假。老闆很快察覺到了員工們的不安，他沒想到曼蒂竟然會搞出這麼大事，氣憤的同時也開始著急，想著如何才能穩定軍心。

就在老闆寢食難安之際，他想到了阿杜。阿杜追隨自己多年，平時主意也挺多，說不定他會有什麼好辦法，於是便打電話給阿杜。而此時的阿杜正出差在外，他得知公司有了變故後，馬上趕回公司。

　　阿杜回到公司後，老闆便將事情的原委跟他講了一遍，然後詢問他的意見。阿杜想了一想，出主意說：「不如請員工吃頓飯，借此機會將曼蒂的事情一五一十告訴他們。想必，他們也會理解你的無奈，這樣再趁熱打鐵，再與他們深入交流，必然能早日穩定軍心。」老闆認為阿杜的主意不錯，便同意了。

　　下班後，老闆就在酒店宴請員工。酒過三巡之後，老闆就開始痛陳曼蒂如何在請假一事上討價還價、咄咄逼人，自己如何一再退讓。又說：「我拿她一點辦法也沒有。在以前工作中，她就是一直不服從管理，還總愛挑我的毛病，我都一直隱忍。現在倒好，我的寬容不僅沒有讓她感動，反而以這種卑劣的手段來和我對著幹。」想到曼蒂對自己的種種不尊重，老闆越說越氣憤，到最後竟然口出髒話，這讓員工感到十分驚訝。

　　不論怎樣，老闆的最終目的就是要讓員工覺得自己很無辜，而曼蒂又是多麼恩將仇報。但在員工聽來，老闆的這番話令他們十分不舒服。曼蒂在公司的時候和老闆說說笑笑，關係還不錯，現在她剛走，老闆就到處說她的壞話。況且，要是曼蒂真的是那種不服從管理的人，老闆卻一直把留她在公司，這

不就說明老闆無力管理好曼蒂嗎？

宴席結束後，一些員工更加堅定了辭職的想法，因為在他們看來，老闆已經到了管理的瓶頸了，不可能再有什麼大的發展了。

為什麼不能這麼說？

將自己的管理難題告訴員工，得到的只會是輕視和背後嘲諷。

身為公司的開拓者，老闆不僅身負公司發展的重任，更是公司是靈魂人物。而身為靈魂人物，老闆一方面要隨時關注員工的動態，在他們情緒低落時予以安慰和鼓勵，使之永不懈怠；另一方面，還要避免一些負面資訊影響到員工，比如用何種方式向員工傳到公司危機，在避免員工產生失望的同時，又能讓他們重整旗鼓。凡此種種，都是老闆必須要考慮到的事情。

而在員工管理方面遇到難題時，老闆永遠不能當著員工的面抱怨另一位員工，以期獲得同情。要知道，如果老闆都到處抱怨的時候，就意味支撐公司的靈魂人物形象開始坍塌，因為在員工看來，老闆身上多少會有一種無限可能，只有老闆在，也就沒有解決不了的難題。而這種由你多年苦心經營和堅持所創造的形象來之不易，極有可能因為一句抱怨而毀於一旦。

正如案例中的老闆一樣，既然已經對曼蒂的要求做了最大的讓步，那麼對她接下來的辭職等一系列行為應該泰然處之，當著員工的面，只需要客觀描述事實，相信公道自在人心，自然就會獲得員工的支持。而一味指責曼蒂，不僅無法獲得同情，反而會遭到員工的輕視。

那我應該怎麼說？

你可以這樣對員工說：「儘管我做出了最大的讓步，曼蒂仍然堅持辭職，我也不好強留。所以，我希望她的離去不會對大家造成影響，大家只要依然像往常一樣工作，我會從你們中間提拔一位文案負責人，獲提拔者還會獲得曼蒂所持全部公司股份。」

對執意要離職的員工，不論她做了什麼有損公司利益的事情，都不要當著員工的面隨意去指責。因為，事情既然已經發生了，再多的指責也無法扭轉乾坤。而不對離職的員工作任何評論，會給其他員工傳遞一個資訊：公司裡有潛力的員工來替代她。再加上你許諾只要努力工作，就可以得到提拔和公司股權的機會，這在公司動盪時期，無疑給員工打了一針強有力的定心劑，從而轉移了他們的對辭職員工的注意力，全身心投入工作中，這樣一來，你也達到了穩定軍心的目的。

員工的第 48 道陰影：
經濟一直不景氣

　　陳老闆經營一家計程車行已經好幾年了，頭兩年因生意不錯，陳老闆大賺了一筆之後，又購買了一批新車，打算大創事業新巔峰。誰知新車買來不久，公司業務量不升反跌，半年之後一結帳，陳老闆的投資不僅沒有收回，甚至還略有虧損。

　　陳老闆為此寢食難安，為了在年終前盡快把本錢回收，他決定裁員以降低公司成本。可是還未等他制定出裁員名單時，收到消息的司機們就紛紛聚到公司，大聲抗議，公司一度陷入混亂。

　　祕書連忙請陳老闆出面。陳老闆一聽司機鬧事，頓時覺得裁員不是解決問題的最佳辦法，看來還得另想辦法。於是他將公司所有司機召集到會議室，對他們說：「這兩年經濟一直不景氣，公司的生意也不太好。你們看隔壁的暢通計程車行，已經解僱了二十多個人了。我承認，我剛開始也有裁員的想法，可一想到這樣做，你們就面臨失業，我於心不忍啊！所以，我決定暫時先不裁員，將車輛清洗和維修預算下降一半，並且分攤到每個司機的頭上，以此來降低公司的營運成本。」

　　對於陳老闆的這項決定，司機們並不領情，他們認為車是公司的，各種維護費用就應該由公司來承擔，憑什麼要分攤到

我們頭上。而陳老闆對此的解釋是：如果不過這樣，那就等著公司破產吧！到時候，大家一起喝西北風。

司機們一想，這樣收入是少了，但也比沒有工作好，就先這麼將就著做吧。從此，司機們為了節省汽車維護費用，對於偏遠地區和路不好走的地方，往往都不願意去，一是擔心汽車會出什麼狀況，二是將客人送到目的地後，就得空車返回，既耗油又費時間。因此，司機們工作積極性一日不如一日，公司的業務也沒有起色。

到了年底，陳老闆一計算，公司雖然沒有虧損，但也沒有盈利，收支只是勉強持平。因此，陳老闆常常愁眉苦臉地對身邊的人說：「經濟不景氣啊，公司的生意真是艱難得很，忙了一年也沒賺到錢。」聽老闆這麼一說，公司上下的人都不禁惴惴不安，都知道老闆這是在打「預防針」，年終的時候必然會有什麼事情發生。果然，年終發獎金的時候，大家只是收到一點象徵性的禮品，卻沒有一分錢獎金。

在員工看來，陳老闆是在故意苛扣他們，因此對他越來越不滿。春節過後，公司就有三分之一的員工選擇了辭職。隨著員工的流失，公司的業務也越來越少，甚至到了入不敷出的地步。這樣的情況持續了半年，陳老闆實在難以支撐，最後不得不宣布破產。

為什麼不能這麼說？

處處宣揚經濟不景氣，既無助博取員工的同情，也無助於激發員工的鬥志，只會令員工對老闆和公司的前途都深感失望。

在經濟不景氣的大環境下，公司遇到危機是很正常的事情，老闆怎麼對待危機，關係到公司的生死存亡。如果老闆無法正確處理危機，很可能導致公司一蹶不振，從此走向沒落，直至破產。而越是在危急關頭，越能考驗老闆，如果老闆撐住了，並帶領公司走出困境，不論老闆還是公司都會更進一步，也會取得更大的成就；反之，在危機面前，如果老闆不去積極想辦法，只是一味地抱怨，甚至採取諸如裁員、降薪等極端的方式來降低公司成本。老闆這樣做，只是考慮到自身的利益，卻沒有考慮到員工感受和利益。要知道，公司遇到危機不僅僅是老闆一個人的事，也關乎到員工的自身利益，如果老闆因一時的危機就開始拋棄員工，員工難免會產生「兔死狗烹」的悲涼，從而對老闆和公司都深感失望，而這時不用你裁員，他們也會自動離職。

案例中的陳老闆正是犯了同樣的錯。他不停地抱怨經濟不景氣，以期獲得員工的同情和理解。可越是這樣，就越會加重公司內的緊張氣氛，不僅難以激勵員工，而且員工因獎金被取消而心生怨恨，工作積極性不高，最後陷入惡性循環，直到公

司破產。

那我應該怎麼說？

你可以這樣對員工說：「這段時間公司裁員的傳聞嚴重影響到了大家的工作情緒，所以我在此特別澄清，沒有裁員這個說法。我們是一家正規公司，一向堅持以人為本的經營理念，員工是公司生存和發展的根本，所以不到萬不得已，我不會走這步。不過，現在公司的狀況大家都知道，公司資金確實有壓力，如果我們不縮減成功，公司將會是死路一條。所以，我宣布取消大家年終獎金，用在公司汽車維護上，希望大家能理解，努力工作，和公司一起度過危機。只要度過難關，年終獎金會照常給大家發。」

面對危機，你首先要放出要裁員的小道消息，讓員工感到壓力，之後再突然澄清事實，撫慰大家的情緒。最後，再拋出你停發獎金的計畫。這樣員工就會慶幸：公司不會裁掉自己了，就算停發獎金也是為了應對危機。而你的決定對員工的影響要遠遠小於之前的小道消息，員工也願意接受你的想法，而且大家也會努力工作。這麼一說，危機轉瞬之間就變成了員工進步的動力，公司走出危機也就指日可待了。

員工的第 49 道陰影：
這個合作夥伴真討厭

何老闆是一家化妝品生產材料供應商，與生產化妝品的 A 公司合作了兩年，關係一直不錯。可是到了第三年，卻出現了問題。一連兩個月，對於何老闆提供的材料，A 公司卻開始指責材料太差，不斷要求退貨或者換貨。

百思不得其解的何老闆打電話給 A 公司的老闆張總，一問之下才知道，原來張總想趁化妝品市場熱門的時候，再開一家美容院，所以這段時間把所有的時間都放到了選址、開店上，而化妝品公司的業務則由新聘的業務經理全權負責。張總安慰了一下何老闆，委婉的說自己雖然是老闆，但畢竟授權給了經理，也就不方便插手他的工作。不過，張總也沒徹底放手不管，對於 A 公司的事情，他向何老闆表示一定會和經理溝通，但涉及到具體業務，還得由何老闆親自去和經理談。

何老闆身為老闆，自然也十分理解張總處事方法，可是要讓親自和一個經理去談判，讓他覺得降低了自己的身分。最後，何老闆決定派公司的業務員小唐去和 A 公司談。

晚上快下班的時候，小唐回到公司，一邊將一筆訂單交給老闆，一邊氣衝衝的說：「這叫什麼合作夥伴，真是太過分了！他又把我們的資料給退回來了，還說什麼不合格，這類貨物一

直都是這類規格，真不知道 A 公司怎麼會讓這樣一個人當經理！」

何老闆一看單子，果然是對方將兩批貨物的規格搞混了，小唐又說：「我和他們解釋了很久，可他們就是不聽，非要你打電話親自解釋。」這一切本來就是由對方粗心大意造成的，還要求自己給他們一個說法，何老闆雖然十分心煩，但也不得不去做。於是，他拿起打電話給 A 公司的經理，足足講了一個小時才讓對方明白這兩類貨物在規格上的差別，以及為什麼這類貨物要這種規格等。搞定這件事後，何老闆長嘆了一口氣，讓小唐趕緊發貨。

這件事過去不久後的一天，又發生了一件事情，A 公司因有新產品提前上市，要求何老闆下一批原料要提前一個月交。事關重大，何老闆不得親自去和 A 公司的經理談判，告訴他時間太過緊迫，提前一個月交貨實在是有些難度。可是不管何老闆如何解釋，那位經理卻不為所動，甚至說：「假如你們沒有能力交貨，那麼為了不耽誤我們的計畫，我們只好找別的供應商了。」

一聽這話，何老闆也生氣了，說：「在這麼短的時間內根本不可能完成你們的要求，你分明就是強人所難！不想合作就算了！」

回到公司後，幾個業務員圍上來打聽談判結果，何老闆

的情緒終於爆發了：「這個合作夥伴真讓人討厭！他連業務都不懂，還敢當經理，再這麼下去，A 公司早晚都要葬送他手裡！」

聽老闆這麼一說，幾個業務員也紛紛大吐苦水，指責 A 公司經理如何不近人情，處處難為自己。就這樣，接下來的半天時間裡，成了何老闆和員工口頭討伐那位經理的大會。

為什麼不能這麼說？

背後議論客戶，不僅不利於解決問題，而且也不得到員工的尊重。

生意場上，與客戶合作過程中，難免會有各種的問題，一般的小問題，老闆自然能搞定。可是如果真的遇到一個蠻不講理的客戶，老闆又深感無力的時候，又該如何去處理？

案例中的何老闆就是失去了作為老闆的準則，大肆在員工面前攻伐客戶，這個話題一啟，員工的情緒就找到了宣洩口，也可以大張旗鼓地隨著老闆大發牢騷。大家在一起發洩不滿固然是一件很痛快的事情，可是牢騷發完了，該面對的問題依然存在，這不僅表現出老闆對事情沒有處理的能力的缺點，而且還要背負背後議論別人的惡名。

俗話說：「人心齊，泰山移。」團體的力量和智慧是無窮的，只要你願意，大可以放低姿態，徵詢員工的意見。大家暢

所欲言，說不定某位員工的建議恰恰是應對蠻不講理客戶的最佳方案。但徵詢員工的前提是，不可以當著員工的面議論關於客戶的任何情況，你最好做出公事公辦的姿態，這樣一來，員工見你就事論事，那麼他也就無法抱怨客戶的不講理。也只有不去抱怨和指責，你才能快速尋找到解決問題的辦法。

那我應該怎麼說？

你可以這樣對員工說：「關於客戶提前一個月交貨的要求，我想和對方進一步協商，分期交貨，這樣既解決了客戶的燃眉之急，也能緩減我們生產的壓力。這是我初步的想法，大家也想想，看是否有更好的解決辦法。」

即使你有了解決問題的方案，也有必要拿出來讓員工一起討論，這樣讓員工分析在處理相關問題上的不足之處的同時，也能讓員工明白抱怨是無濟於事的，只有積極面對問題，才是解決問題的根本。

┃員工的第 50 道陰影：
┃明明就是你的錯，不要再辯解了

順達公關公司董事長與 A 公司的董事長是朋友，兩人私

交甚好。某年年底，Ａ公司準備舉辦年終客戶答謝活動，並將此事交給順達公司承辦。董事長十分重視此事，親自打電話給總經理，按照客戶的要求交代說：「Ａ公司制定舉辦的地點是福華大飯店，時間不多了，你馬上準備相關事宜吧。」由於電話裡說話不太清楚，總經理將董事長說的「福華」聽成了「復華」，而當地恰巧都有這兩所飯店，而且規模不相上下。所以，總經理交代活動部小麗執行方案的時候，自然是將「復華大飯店」作為活動的舉辦地點。

這個失誤一直等到Ａ公司正式舉辦活動的前一天才發現的，但臨時更換酒店已經來不及了，Ａ公司只能被迫在復華飯店舉辦活動。但憤怒的客戶不願意按照合約上所決定的數額交付公關費用，順達公司總經理只好帶著小麗不斷地向客戶道歉，但是客戶卻不為所動。總經理為此也大為頭痛。

事情的轉機出現在活動結束後。在整個活動過程中，小麗將自己獨特的創意發揮得淋漓盡致，尤其在互動環節上讓嘉賓感到非常開心，結果幾乎所有嘉賓對此次活動都感到十分滿意。看到這一成果，客戶也礙於順達公司董事長的面子，也就沒有再追究他們的責任。

不過，客戶不追究順達公司的責任，並不等於順達公司的董事長完全當失職事件沒有發生。活動結束後，董事長馬上找來總經理和小麗，詢問事件的始末。

小麗剛想開口解釋，總經理卻搶先一步，說：「我已經告訴她活動舉辦地點是『福華』飯店，可能是她錯聽成了『復華』。這也怪我當初沒把話說清楚。」對於總經理不動聲色地就把責任全部都攬到自己頭上，小麗覺得萬分委屈，哭著說：「事情不是這樣子的，你當初明明說的就是『復華』飯店啊，我還和你確認了了一遍，怎麼可能出錯。」

　　「明明就是妳的錯，不要再辯解了！」總經理竟然當著董事長的面呵斥小麗。

　　「行了，不要吵了！我看這件事情還是錯在小麗，我會給妳處分並通報全公司，希望大家能夠以此為戒，要以更嚴謹的態度面對客戶。」董事長武斷地做出了決定。

　　董事長看似公平的處理，卻讓小麗更加委屈，她對總經理充滿了怨恨，覺得他一點擔當都沒有，以後有類似的失誤發生，說不定還會把責任推到自己的頭上。於是，她不再申訴，馬上辭職離開了公司。

為什麼不能這麼說？

　　一個遇到問題就將責任推給員工的老闆，是無法得到員工的尊重和支持的。

　　上述案例中，總經理因錯聽董事長的指令，又把錯誤的指令下達給小麗，結果致使小麗搞錯了活動舉辦地點，引起了客

戶的不滿，差點讓公司承擔財務損失。這本來是總經理的全部責任，可是當面對董事長時，他卻把事情推得一乾二淨，讓小麗承擔全部責任，使她蒙受不白之冤。不過，這位總經理雖然暫時躲過了董事長的責罰，但他的行為卻讓小麗感到寒心跟失望，認為他不過是個毫無人格魅力的人，根本不值得被尊重和信任。再者，雖然董事長只是懲罰了小麗，但同時她的辦事不力，就表明了總經理的領導無方，從相當程度來看，從今以後，董事長也會質疑總經理的領導能力，而總經理則需要做很多工作才能重塑自己在董事長心中的價值。由此可見，在這起推託責任事件中，總經理所得到的遠遠少於其所失去的。

現實中，有很多老闆也像案例中的總經理一樣，無法正視自己的錯誤，擔心承認犯錯會降低自己的權威，於是便百般掩飾，甚至將錯推給別人。然而，你不認錯並不能抹煞你曾經犯過的錯，除了證明你是一個沒有承擔的人外，你幾乎不會收獲任何好處。

其實，身為老闆，在工作中出現失誤後，勇於說一句我錯了，反而會因這種真誠的態度而獲得大家的支持 —— 當過失已經產生了惡劣影響後，大家在乎的並不是過失的影響有多大，而是造成過失的當事人是否能對一切後果負責。

那我應該怎麼說？

你可以這樣對員工說：「這件事的責任在我，是聽錯了董

事長的話，造成你工作失誤，請接受我的道歉。我願意為此承擔一切責任。」

　　當著上級和員工的面承認自己的錯，主動承擔責任，這不僅能讓上級對你刮目相看，而且員工也會對你產生敬佩之情。如果自己的過失確實為員工帶來了傷害和不利影響，那你應該真誠地向對方道歉，並表示在以後的工作中盡量避免類似的錯誤發生，這對於平復他人的情緒非常有效，並且基於這種真誠的態度，受到傷害的人通常都會既往不咎。

官網

國家圖書館出版品預行編目資料

慣老闆帶來的五十道陰影：讓仇恨值飆高的無腦
發言，員工沒甩辭職信是你走運！ ／高海友，龔
學剛 著 . -- 第一版 . -- 臺北市：崧燁文化事業有
限公司 , 2022.12
面；　公分
POD 版
ISBN 978-626-332-998-0(平裝)
1.CST: 企業領導 2.CST: 組織管理 3.CST: 說話藝
術
494.2　　111020096

慣老闆帶來的五十道陰影：讓仇恨值飆高的無腦發言，員工沒甩辭職信是你走運！

臉書

作　　者：高海友，龔學剛

發 行 人：黃振庭

出 版 者：崧燁文化事業有限公司

發 行 者：崧燁文化事業有限公司

E-mail：sonbookservice@gmail.com

粉 絲 頁：https://www.facebook.com/sonbookss/

網　　址：https://sonbook.net/

地　　址：台北市中正區重慶南路一段六十一號八樓 815 室

Rm. 815, 8F., No.61, Sec. 1, Chongqing S. Rd., Zhongzheng Dist., Taipei City 100, Taiwan

電　　話：(02)2370-3310　　傳　　真：(02) 2388-1990

印　　刷：京峯彩色印刷有限公司（京峰數位）

律師顧問：廣華律師事務所 張珮琦律師

-版權聲明

定　　價：350 元

發行日期：2022 年 12 月第一版

◎本書以 POD 印製